내 아이를
위한 창의적인
코딩 육아

내 아이를 위한 창의적인 코딩 육아

발행일   2017년 9월 22일

지은이   손 근 현
펴낸이   손 형 국
펴낸곳   (주)북랩
편집인   선일영   편집   이종무, 권혁신, 송재병, 최예은
디자인   이현수, 김민하, 이정아, 한수희   제작   박기성, 황동현, 구성우
마케팅   김회란, 박진관, 김한결
출판등록   2004. 12. 1(제2012-000051호)
주소   서울시 금천구 가산디지털 1로 168, 우림라이온스밸리 B동 B113, 114호
홈페이지   www.book.co.kr
전화번호   (02)2026-5777   팩스   (02)2026-5747

ISBN   979-11-5987-597-7 03560 (종이책)   979-11-5987-598-4 05560 (전자책)

이 도서의 국립중앙도서관 출판예정도서목록(CIP)은 서지정보유통지원시스템 홈페이지(http://seoji.nl.go.kr)와
국가자료공동목록시스템(http://www.nl.go.kr/kolisnet)에서 이용하실 수 있습니다.
(CIP제어번호 : CIP2017024396)

소프트웨어가 세상을 집어삼키는 4차 산업혁명 시대에 살아남는 법

내 아이를
위한 창의적인
코딩 육아

손근현 지음

북랩 book Lab

들어가는 글

2018년 전국 초, 중, 고등학교에서 컴퓨터 소프트웨어 교육이 의무화된다. 그래서 그런지 날이 갈수록 많은 학생들과 학부모들이 컴퓨터 관련 교육에 관심을 보이고 있다. 나는 10년 넘게 코딩과 컴퓨터 소프트웨어에 관한 강의를 해오고 있다. 그런데 요즘처럼 "코딩"이라는 단어가 사람들에게 집중 관심을 받는 것을 본 적이 없다.

사실 컴퓨터 소프트웨어 관련 용어는 그 업종에 종사하지 않으면 이해하기가 쉽지가 않다. "코딩"에 대해 관심을 갖는 학부모님, 학생들이 많아지고는 있지만 정작 이들의 욕구를 충족시켜줄 수학처럼 명쾌한 답이 없는 것이 현실이다.

현재 대부분의 코딩 교육은 사교육 학원이나 사설 교육기관에서 이루어지고 있다. 물론 비싼 교육비가 소요되며 요란한 광고에 비해 "코딩"의 정확한 개념과 틀을 모르는 상태에서 교육을 진행하는 경우도 허다하다. 이것은 공교육 기관들도 마찬가지다.

나는 이 책에서 코딩이란 무엇이고, 코딩 교육이 미래 아이들의 교육에 왜 필요한지 피력하려 한다. 나아가 누구나 쉽게 코딩을 익힐 수 있는 방법과 코딩 교육을 통해 변화된 긍정적 사례를 제시하고자 한다.

우리는 IT[1]정보 통신 기술의 발달로 하루하루가 급변하는 디지털 시대를 살아가고 있다. 피부로 느끼지 못하지만 지금 이 순간에도 세계는 빠르게 변화하고 있다는 것을 있다는 것을 명심해야 할 것이다.

4차 산업혁명은 인공지능(AI), 사물 인터넷, 빅 데이터, 모바일 등 모든 첨단 정보통신기술이 융합되어 나타난다. 4차 산업혁명이 도래한 정보화 시대에 맞는 교육은 무엇일까?

세계 선진국들은 이미 국가가 나서서 '코딩' 교육을 필수 과목으로 채택하고 있다. 코딩의 개념 및 기술적인 사용은 컴퓨터 소프

---

1 I.T : Information Technology의 약자. 1) 정보기술, 정보공학 즉, 컴퓨터와 통신기술을 포용한, 정보화를 위해 필요한 모든 기술들을 포괄적으로 의미. 2) 하드웨어, 생활, 경영혁신, 행정쇄신 등 용도에 맞게 효용성을 불어넣는 소프트웨어, 조화롭게 시스템을 정보화하는 수단인 유, 무형기술을 정의하기도 함.

트웨어 프로그래밍에서만 실행되는 것이 아니다. 21세기 디지털 시대 일상생활의 모든 것이 코딩과 관련되어 있음을 알아야 한다.

따라서 우리에게도 코딩 교육의 필요성이 대두되었다. 코딩 교육은 빠르면 빠를수록 좋다. 그러나 무엇보다 중요한 것은 교육의 방향이다.

큰 틀에서 보면 코딩 교육은 컴퓨터 소프트웨어 관련 과목과 기타 교과목과의 통합교육이 이루어져야 한다. 학교에서 "코딩 교육"이 필수 교육 과정으로 의무화가 되면 학생 누구나 일정 수준이상의 평등한 교육의 수혜자가 될 것이다.

다음으로 코딩 교육은 아이들을 전문적인 기술자를 만들기 이전에 코딩을 배워가는 과정에서 제한된 사고와 편향적인 생각을 가지지 않게 하는 것이 중요하다. 자신이 가지고 있는 고정관념을 벗어나게 하고 사고력을 길러주는 일이 시급하다.

'코딩'의 기술적인 면보다 더 중요한 것이 있다는 것을 잊어버리면 안 될 것이다. 진정한 코딩 교육은 아이들에게 단순히 컴퓨터를 이해시키는 것이 아니라, "4차 산업혁명" 시대가 요구하는 컴퓨팅 사고력[2] 즉 C.T(computational thinking) 능력을 키우는 것이란 것

---

2 컴퓨팅적 사고: C.T(Computational Thinking). 컴퓨터 과학의 기본 개념과 원리, 컴퓨팅 시스템을 활용하여 실생활과 다양한 학문 분야의 문제를 창의적 사고 등 체계적으로 해결해 적용할 수 있는 능력.

내 아이를 위한 창의적인 코딩 육아

을 명심해야 한다.

정보화 시대에 세계는 보이지 않는 무한 경쟁에 돌입했다. 모든 국가는 우수한 정보 인력을 양성하고 융합적 인재를 확보하는 것이 미래의 전쟁에서 이기는 것임을 알고 있다. 코딩 교육은 바로 공학적 사고와 인문적 자질을 함양한 융합인재를 확보하는 데 필요한 다양한 역할을 할 것이다.

독자들이 이 책을 통해 '코딩'의 정확한 개념을 이해하고 프로그래밍의 재미를 느끼는 순간, 코딩을 사랑하게 될 것임을 믿는다.

— 코딩(coding) 관련 전문 용어들은 주석을 달아 쉽게 이해할 수 있도록 했습니다.

CONTENTS

CONTENTS

CONTENTS

제 1 장

코딩이란 무엇인가?

1.
코딩(coding), 어렵지 않아요

"코딩이 뭐예요?"

강연 스케줄이 바쁜 날 나는 종종 택시를 탄다. 이럴 때면 나는 스마트 폰을 터치하여 '카카오택시' 앱을 자주 사용한다.

바쁜 시간에 도로에 서서 지나가는 택시를 타고 가는 것보다, 카카오택시 앱에서 출발 및 목적지, 시간, 차종 등을 선택하면 즉시 택시를 호출할 수 있어 시간 단축과 사용이 매우 편리하여 자주 이용을 한다.

그리고 택시 속에서도 간편한 금융거래, 사람들과의 대화 등 출근하는 시간 동안에도 편리한 스마트 앱을 이용하여 처리할 수 있고, 컴퓨터와 인터넷의 발달로 우리의 생활에서 몰라보게 변화하고 있다. 디지털 시대에 이렇게 일상에서 사용자들이 편리하게 이용할 수 있게 만들어진 소프트웨어 프로그램은 다양하다.

컴퓨터 환경은 크게 하드웨어(H/W)와 소프트웨어(S/W)로 나눌 수 있다. 우리가 흔히 사용하는 스마트폰, 태블릿 PC, 노트북 등의 기계 장치가 하드웨어라면, 카카오택시 같은 앱은 소프트웨어 프로그램에 해당한다.

하드웨어 장치에서 소프트웨어 프로그램이 동작할 수 있도록 시작 버튼을 눌러 시동을 거는 것을 부팅(Booting)이라고 한다. 부팅 과정에서는 영어로 된 많은 단어와 문장들이 컴퓨터 화면에 빠르게 실행되어 나타나는 데 이러한 프로그램을 만드는 과정을 코딩이라고 한다.

컴퓨터가 처음 출시되었을 때에는 코딩언어를 일반인들은 해석하기 어려웠기 때문에 관련 전문 분야에서만 사용하였다. 하지만 정보통신 기술이 발달한 오늘날에는 누구나 쉽게 다가갈 수 있게 되었다.

좀 더 구체적으로 들어가 보자. 일반적으로 컴퓨터가 작동되기 위해서는 명령이 필요하다. 그런데 컴퓨터는 사람의 언어를 이해하지 못하기 때문에 우리가 컴퓨터 언어로 소통을 해야 한다. 코딩의 첫 출발은 바로 이 컴퓨터 언어를 배우는 것에서 시작된다.

사람들이 사용하는 세계 언어가 많고 각각 고유성과 다양성을 가지고 있듯이 코딩 언어도 천 가지 이상이 넘는다. 종류별 쓰임

새, 용도, 사용방식이 다르지만 특정 언어의 문법구조와 원리를 이해하면 다른 언어도 쉽게 습득할 수 있다. 앞으로 코딩 언어는 IT 소프트웨어의 시대에 걸맞게 '제3의 세계 공통 언어'라는 수식어로 사용될 것이다.

'코딩(coding)'이라는 단어를 정의해 보면,

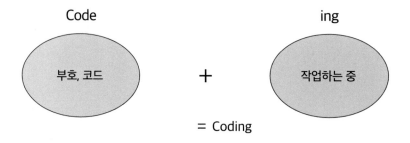

코딩, 컴퓨터가 알아듣는 부호인 컴퓨터 언어로 프로그래밍 작업하는 일

컴퓨터는 소프트웨어 프로그램의 실행 과정에서 입력부터 출력까지 컴퓨터만의 기호나 코드로 실행된다. 코딩은 이렇게 프로그램을 실행할 수 있도록 작업하는 일을 가리킨다.

코딩언어를 알기 위해 또 하나 알아야 할 개념이 있다. 바로 알고리즘(algorithm)[3]이다. 코딩과 알고리즘은 실과 바늘의 관계처럼 매우 밀접하다. 바느질에 다양한 종류(큰 바늘, 작은 바늘 등)의 바늘이 필요하듯이 코딩도 언어의 종류에 따라 다양한 형태를 띨 수 있다.

프로그래밍 수행 작업을 할 때 오류 없이 실행되도록 하려면 컴퓨터가 알기 쉬운 언어로 하나씩 차례대로 알려 주어야 한다. 알고리즘(algorithm)은 컴퓨터가 잘 실행될 수 있도록 방법과 절차를 우선순위에 맞게 정해 주는 것이라고 정의할 수 있다. 따라서 컴퓨터가 과제를 잘 수행하기 위해서는 소프트웨어 프로그램과 수많은 명령어들이 순서에 맞게 연결된 알고리즘(algorithm)의 적절한 조합이 매우 중요하다. 즉, 우리가 일상생활에서 스마트 폰을 구입하고, 용도에 맞게 사용하기 위해서 설명서를 순서에 맞게 익혀 사용 방법을 터득해 나가는 것과 같다.

알고리즘을 통해 코딩 S/W 프로그램을 실행하는 순서에 정답은 없다. 컴퓨터가 프로그램을 실행해 나가는 과정에서 많은 코딩 언어 프로그램이 연결되어 실행되기 때문에 실행 순서와 절차는 자신의 사고에 따라 다양한 방향으로 만들어 낼 수 있다.

---

3 알고리즘(algorithm): 어떤 문제를 해결하기 위해 공식, 단계적 절차. 정해진 일련의 절차나 방법, 또는 프로그램 실행을 위한 명령들의 순서. 아랍의 수학자인 알고리즈미(Al-Khowarizmi)의 이름에서 유래됨.

이처럼 코딩 작업에는 컴퓨터 언어, 알고리즘 등 어느 것 하나 빠져서는 안 된다. 예를 들어 유럽에 사는 외국인과 안부를 주고 받고 싶은데 나만 알고 있는 언어, 즉 한국어로 말을 하면 상대방 은 전혀 알아듣지 못할 것이다. 서로가 매우 답답하고 짜증이 날 것은 당연하다. 영어가 서툴다면 몸짓과 표정 등을 동원해야 상대 방과 대화를 이어 나갈 수 있을 것이다.

이와 마찬가지로 컴퓨터도 컴퓨터끼리 알아들을 수 있는 언어로 처리를 해 주어야 한다. 그렇지 않고 컴퓨터에 바디랭귀지를 해줄 수는 없는 것이다. 그래서 컴퓨터 언어를 설정하는 '코딩'을 이해하 는 게 필수다. 이처럼 코딩은 컴퓨터 화면을 통해 컴퓨터가 알아 들을 수 있게 작업하고 원하는 결과물을 만들어 내도록 하는 일 련의 작업을 가리키는 것이다.

2.
디지털 제품에서 코딩(coding) 찾기

우리는 일상생활에서 코딩(coding)이라는 개념을 어렵지 않게 찾을 수 있다.

왜냐하면 우리가 사용하는 가전이나 기계제품 등 대다수의 디지털 전자제품에는 그것의 원활한 작동을 명령하는 컴퓨터 언어가 프로그래밍되어 있기 때문이다.

이렇게 일상생활 속에서 쉽게 접하는 코딩(coding)임에도 우리는 책 속에서만 이해되는 전문개념인 양 어려워한다. 그러나 현재 다양한 코딩 소프트웨어 프로그램이 우리의 생활 속에 녹아들어 간편한 디지털 세상을 살아가도록 돕고 있다.

코딩이 적용된 다양한 일상의 제품을 살펴보자.

· **교통분야**

예) "버스 정류장 전광판"

= 버스 도착 전·후 정류장 간격-코딩 S/W 작동 실행.

교통흐름, 출발시간, 도착시간, 대기시간 등 다양한 정보를 얻을
수 있는 시스템 속에서 코딩 소프트 프로그램이 실행, 작동하고
있다.

스마트폰에 앱을 설치하면 버스 및 지하철이 몇 분 후에 도착하는지 알 수 있고, 네비게이션은 길의 안내뿐만 아니라 도로의 돌발 상황까지 알려준다. '코딩 프로그램' 덕분에 우리는 시간을 허비하지 않고 알차게 사용할 수 있다.

• 자동판매기

자동판매기에도 코딩 프로그램이 큰 역할을 한다. 자동판매기에 동전이나 지폐를 넣고 버튼을 누르면 원하는 음료가 나오는 것도 코딩 덕분이다.

그 외에도 스마트폰은 물론, 컴퓨터, 세탁기, 냉장고, 에어컨 등 각종 가전제품과 게임기가 컴퓨터 프로그래머가 만든 코딩 프로그램에 의해 작동되고 있다.

• 엘리베이터 = 직접 터치만으로 프로그램이 실행

아침에 출근하기 위해 엘리베이터를 타고 버튼을 누른다. 원하는 층수로 오르내리는 과정에서도 코딩(coding) S/W 프로그래밍 원리가 작동한다.

• 자동차 네이게이션 = 원하는 목적지와 정보 전달 연결

요즘은 스마트키가 있어 대부분 멀리서도 자동차 문의 개폐는 물론 시동까지 걸 수 있다. 자동차 안을 들여다보자.

와우! 자동차 안에는 너무나 다양한 코딩(coding) S/W가 프로그래밍되어 있다. 속도 조절계와 주행가능한 거리, 주유량, 속도 감시 카메라 위치 안내 등 운전자에게 수시로 편리하게 상황을 안내해 준다. 손 터치 하나로 코딩 프로그램을 작동시킬 수 있는 네비게이션은 정말 편리하다. 더구나 TV를 터치하면 네비게이션과 두 개의 멀티 화면으로 분리되어 원하는 프로그램을 실행한다.

• 현관문 - 디지털 도어락 자동 프로그램이 실행

주거 환경에도 코딩 프로그램이 녹아 있다. 디지털 도어락이 탄생하면서 열쇠를 잃어버리는 불안에서 벗어나게 되었다. 번호, 지문에 이어 최근에는 홍체를 인식하여 집주인임을 알아차리는 시대가 되었다. 편리를 넘어 보안까지 보장한다.

진화하는 코딩(coding) 프로그램

직장인 A씨! 매일 아침 회사로 출근하기 위해 쌀을 씻어 전기밥솥에 넣어 밥을 한다. 그가 사용하는 전기밥솥은 최신 제품으로, 잡곡이나 흰쌀에 따라 설정을 달리할 수 있으며, 밥이 다 되면 음성으로 알려주기도 한다. 더구나 이젠 밥솥으로 밥만 하는 것이 아니라 다양한 요리도 할 수 있다. 이 모든 과정에는 우리 눈에 보이진 않지만 컴퓨터 소프트웨어 프로그램 코딩이 알고리즘(일련의 절차, 순서)에 연결되어 있다.

코딩 교육을 할 때 약방의 감초처럼 따라오는 것이 알고리즘이다. 요리를 할 때 순서 없이 하기보다 재료를 어떤 순서대로 넣고 데치고, 끓이는가에 따라 맛이 달라짐을 우리는 알고 있다. 이 우선순위를 정해주는 게 바로 알고리즘이다. 그러나 요리를 할 때 만드는 레시피에 정답이 없듯이 알고리즘도 정답은 없다.

- 지금부터 컴퓨팅 사고력(computational thinking)에 기반한 알고리즘 기법을 사용하여 전기밥솥으로 간단한 코딩(coding)요리를 시작해 보겠다.

① 밥솥에 깨끗하게 씻은 쌀을 넣고 뚜껑을 닫는다.
② 원하는 밥 종류 메뉴 버튼을 선택하고 시작 버튼을 누른다.
③ 10~15분 정도 지나면 온도가 팽창하여 압력이 올라가 밥이 시작된다.
④ 15분~20분이 지나고 나면 "칙칙" 소리가 난다.
⑤ "칙칙" 소리가 빠지고 압력 증기 배출이 시작된다.
⑥ 증기 배출이 지나고 나면 뜸 들이는 메뉴 진행한다.
⑦ 뜸 들이고 5~10분 지나고 난 뒤,
⑧ 벨 소리와 함께 맛있는 밥 완성.
⑨ 맛있게 냠냠!

= 이것 외에 더 많은 코딩 프로그램 언어를 생성, 추가하여 실행할 수도 있다.

위의 과정처럼 맛있는 요리를 할 때 우선순위에 따라 프로그램이 잘 조합하여 나오도록 만든 코딩 소프트웨어를 순서도, 알고리즘(algorithm)이라고 한다. 이 가운데 소프트웨어 명령어가 하나라도 빠지거나 순서가 바뀌면 내가 원하지 않는 잘못된 밥이 지어질 수도 있다.

이 코딩언어와 관련된 용어는 이 책이 끝날 때까지 계속 나올 것이다. 단어나 용어를 쉽게 접해 보지 못해서 어려울 수 있겠지만 편한 마음으로 단어를 만나다 보면 어느 순간 자연스레 이해가 될 것이다.

3.
교통수단으로 이해하는 코딩언어

코딩(coding)은 이제 디지털 시대 필수 언어이다.

디지털 "4차 산업혁명"이 도래하면서 우리의 일상과 문화에 IT 기술이 깊이 스며들었다. 이제는 유아에서 성인들까지 IT 기술을 다룰 수 있어야 세계적인 경쟁력을 가지는 시대가 된 것이다. 이러한 흐름에 코딩은 선택이 아니라 필수다.

코딩(coding) 프로그램에 대해 좀 더 깊이 알아보자.

먼저, 코딩이라는 용어의 이해다. 꼭 컴퓨터에서 프로그램을 실행해야 한다고 생각하기보다는 전달하고자 메시지를 정확하게 한다는 생각으로 접근하는 게 좋다.

코딩의 개념을 정확히 이해하고 익숙해진다면 우리 생활에 유용함을 더해 다양한 생활 패턴이 생겨날 것이다.

만일 코딩(coding) 소프트웨어 프로그램이 누구나 좋아하는 게임이나 놀이와 연결되어있다면 코딩 소프트웨어 언어 교육은 재미있는 일이 될 것이다. 나만의 창의성과 개성을 발휘하여 독특한 프로그램을 만들고, 구현하는 일은 분명 신나는 일이다.

그러나 코딩 언어도 사람들이 많이 사용하는, 쉬우면서도 복잡하지 않은 것이 있는 반면 사라져 가는 프로그래밍 언어도 있다. 그리고 현재도 프로그래머에 의해 끊임없이 새로운 언어가 개발되고 있기도 하다. 개발된 언어가 사용자들에게 너무 복잡하고 어렵다면 자연스레 사라지기도 한다.

코딩의 기본적이고 기초적인 언어는 C언어다. 이것은 단기간에 습득하기보다는 장기간 배우는 것이 효과적이다. 교과목 학습의 영어처럼 끝없이 배우는 과정에서 다양한 언어를 학습함으로써 여러 코딩에 접목하여 응용해 나갈 수 있기 때문이다.

쉬운 언어는 사람들이 많이 사용하고 익숙해서 쉽게 응용해 나간다. 또 요즘 학생들로 하여금 코딩을 쉽게 접하게 하기 위해 블록처럼 놀이 등을 곁들여 흥미 위주로 만들어 놓은 언어도 있다. 물론, 전문가들이 사용하는 고급 언어들도 많이 있다.

현재 많이 쓰이고 있는 코딩(coding)로는 파이선(Python), 엔트리, 스크래치, BASIC, C언어, C+언어, 포트란, 자바, 코볼, 비주얼베이식, 델파이 등이 있다. 이중 파이선, 엔트리, 스크래치 등은 배우기가 쉬워 유아, 초등학생 대상 기초교육용으로 응용, 사용되고 있다(<제3장 코딩 언어>에서 요약 설명).

코딩을 교육적 측면에서 정의해 본다면 창의적인 사고를 키우고, 이것을 바탕으로 일상의 많은 사물에 아이디어를 접목하는 방법의 하나로 볼 수 있다. 요리도 코딩의 원리와 유사하다. 내가 원하는 요리를 하기 위해 순서와 절차를 이해해야 한다. 즉 어떤 재료를, 어느 정도 양을 넣어, 어떠한 방법과 순서로 요리하느냐에 따라 나만의 창의적인 요리가 탄생할 수 있다.

그러나 실제로 코딩을 할 때 모든 개발자나 프로그래머들이 코딩(coding) 언어를 다 사용하는 것은 아니다. 마찬가지로 기존의 코딩(coding) 언어를 통해 새롭게 자신이 원하는 대로 프로그램을 수정하거나 추가, 보완할 수도 있다.

우리는 일상생활에 다양한 교통수단을 이용하고 있다. 사용하는 목적으로 보면 자전거, 자동차, 비행기 등 쓰임새가 다르듯이 날씨와 컨디션에 따라서도 선택하는 교통수단이 달라진다. 코딩을 실행시키는 프로그램 언어도 마찬가지다.

코딩(coding)에 사용되는 다양한 언어들을 교통수단 개념으로 정리하여 보자.

• 교통 수단이 코딩(coding)이라는 큰 개념이라면…. 자전거, 자동차, 비행기 등을 코딩(coding) 언어의 종류로 이해하기.

자전거 - C언어   자동차 - 스크래치   비행기 - 앤트리

이렇게 하면, 코딩에 사용되는 다양한 컴퓨터 언어들의 개념을 좀 더 쉽게 이해할 수 있을 것이다.

이상에서 코딩 언어를 다양한 교통수단과 연결시켜 살펴보았다. 자신의 상황에 따라 다양한 수단과 메뉴를 선택하듯이 코딩(coding)에 있어서도 일반적인 코딩 소프트웨어 언어를 사용하여 자신만의 프로그램 언어로 변화, 실행시킬 수 있다.

그리고 결과를 살펴보면서 오류를 찾아낼 수도 있고, 요리 과정처럼 중간 중간에 맛을 음미, 확인해 나가면서 다음 소스에 정확히 맞는 방식으로 단계적 그림을 쌓아갈 수도 있다.

컴퓨터 코딩 언어는 세계의 각국의 언어만큼이나 다양하고 지금도 누군가에 의해 만들어진다고 봐도 과언이 아니다. 모든 일상의 환경이 코딩 언어로 이루어진 세상을 살아가고 있는 우리의 현실을 감안할 때 코딩 교육은 필수다. 지금이 바로 개인과 국가의 미래 경쟁우위를 결정하는 적기, 그야말로 '코딩시대'라 할 것이다.

4.
전자 화폐, 비트코인(bit coin)이란?

우리는 종종 세계 각 나라의 금융기관 및 은행이 인터넷 DDos[4](디도스) 해킹 그룹의 사이버 공격을 받아 모든 데이터가 일시적으로 마비되었다는 뉴스를 접한다.

2017년 6월 현재, 우크라이나, 러시아, 덴마크, 영국, 체르노빌 원전 등이 세계적으로 랜섬웨어 공격을 받았다고 한다.

- SBS 뉴스 6월 28일자 방송보도

여기서 랜섬웨어(Ransom ware)는 '몸값'을 나타내는 'Ransom'과 '프로그램 소프트웨어(software)'의 'Ware'를 합친 용어다. 랜섬웨어는 인

---

4 DDos 디도스: (Distributed Denial of Service) ① 악의를 가진 해커가 좀비PC로 악성코드를 감염 시키고, 여러 대의 컴퓨터가 특정 사이트를 마비시키려고 한꺼번에 공격을 가하는 해킹 수법. ② 디도스의 목적: 컴퓨터의 자료를 삭제하는 방법이 아닌, 사용자가 정당한 신호를 받지 못하도록 방해, 분산서비스를 거부하는 게 목적.

터넷 사용자 컴퓨터에 해킹해 자료나 데이터 등 파일을 열지 못하게 하는 프로그램이다. 암호를 사용하여 개인정보나 클라우드 및 파일서버를 감염시키는 방식인데 이메일로 금액을 송금하면 암호를 해독할 수 있는 열쇠 프로그램을 보내어 준다며 협상 금액을 요구하는 최고의 악성 프로그램이다.

그러나 문제는 제시된 금액을 지급해도 완벽하게 모든 데이터가 복구될지도 알 수가 없다는 점이다.

그런데 이러한 컴퓨터를 해킹하는 해커들의 공통된 요구 사항이 있다. 금액을 제시하는 경우 실제 돈이 아닌 비트코인(bit coin)으로 협상하기를 원한다는 것이다.

비트코인 10~15비트(우리나라 돈 4천~5천만 원 정도) 상당의 금전을 요구하고선 협상에 응하지 않으면 몇 시에 다시 해킹 그룹으로 해커들이 공격한다는 선언을 하고 사라진다.

그렇다면 도대체 비트 코인이 과연 무엇이길래 기관들의 데이터 정보를 마비시키고, 방어벽이 취약한 곳에 접근하여 방어벽을 무너뜨리는 것일까? 비트코인(Bit Coin)은 현재 사용하는 실물 화폐를 대신하는 "가상 화폐"의 일종이다.

비트코인(bit coin)

- 비트코인(bit coin)을 해석해 보면….

  Bit = 컴퓨터 단위 중 최소 단위

  Coin = 코인, 동전

  비트 코인 = 전자 화폐, 동전

즉, 비트코인(bit coin): 지폐나 동전과 달리 물리적인 형태가 없는 온라인 디지털 화폐다. 비트코인(bit coin)은 2009년 '나카모토 사토시'라는 익명의 프로그래머가 처음 개발하였다.

비트코인은 국가기관의 규제를 받지 않고 익명이나 차명 거래가 가능하기 때문에 거래내역에 대한 추적이 어렵다. 소비자 입장에서는 매력(?)이 있어 지금도 누군가는 몰래 전자화폐를 발행해 나가고 있을 것이다.

비트코인(bit coin)으로 대표되는 전자화폐를 획득하기기 위해서는 채굴(Mining)이라는 과정을 실행해야 한다. 코인을 획득하려는 사람들을 '광부', 그 획득과정을 '채굴' 혹은 '캔다'라고 한다. 채굴에 성공하면 한 번에 최대의 코인을 얻을 수 있고 암호화된 수학 문제를 풀면 코인이 생성된다. 그렇기에 비트코인(Bit Coin)은 땅속에 묻혀있는 금을 캐는 광산과 같은 의미로 쓰이기도 한다.

그러면 왜 해커들은 통신망을 해킹하여 비트코인을 요구하는 것일까? 전자화폐의 가장 큰 특성은 일반 시중은행처럼 발행처, 거래 내역 등이 없어 그야말로 검은 돈처럼 흘러가는 추이를 파악할 수 없다는 것이다. 비트코인(bit coin)은 주인이 없다. 그렇기 때문에 은행이나 금융기관을 통한 거래처럼 세금을 낼 일도 없다. 세상의 모든 화폐나 물건의 거래에는 세금이 붙는데 과세가 없다는 것은 세계적으로 가장 매력적인(?) 유혹의 도구라 할 것이다.

우리는 은행에 돈을 주고 환전할 수 있지만 돈을 들이지 않고 획득할 수 있는 것이 비트코인(Bit Coin) 체계의 핵심이다. 정보통신 기술의 발달로 종이 화폐나 종이통장이 없어지고 전자화폐가 발행되는 시대에 우리는 살고 있는 것이다.

과연 비트코인의 통화 가치는 현실성이 있으며, 그 가치는 상승

하는 것일까?

세계 각국에서는 매년 새로운 동전과 지폐를 일정량 발행한다. 우리나라의 경우 조폐공사에서 동전을 만드는 데 매년 500억 원이 든다고 한다. 더욱이 10원짜리 하나 만드는 데 평균 30원이라는 더 큰 비용이 발생한다고 한다.

시중의 떠도는 위조지폐도 진짜 지폐와 쉽게 분별하기 어려워 화폐의 가치를 떨어뜨리는 상황에 전자화폐 비트코인(bit coin)은 전 세계에서 발행되고 있다. 선진국이나 강대국은 금, 달러보다 시세를 앞지르는 현상이 발생했으며, 비트코인(Bit Coin)거래소도 생겼다.

그러면 비트코인(bit coin)은 어떻게 사용되고 있을까?
현재 통화인 달러가 전 세계의 공통 언어처럼 사용되고 있지만 1달러의 가치가 수시로 변화하는 가운데 우리나라 화폐는 높은 가치 평가를 받지 못하고 있다. 앞으로 전자화폐는 전 세계의 화폐를 하나로 통일해 많은 가치를 이루어낼 수 있을 것이다.

나라마다 화폐의 가치가 다르고 디자인도 다르듯이 가상 화폐도 종류가 다양하다. 그 중에서 비트코인은 가장 높은 화폐 가치를 얻고 있다.

전자화폐 중 비트코인의 가치가 최고다

1 코인당 = 달러 가격

1. 비트코인: 679.54

2. 라이트코인: 22.5

3. 피어코인: 3.17

4. 네임코인: 5.09

5. 메가코인: 0.95

6. 퀴크코인: 0.018

⋮

— 코인의 통화 가치에 따라 시세변동이 생김

비트코인과 같은 가상화폐는 현재 전 세계적으로 700여 종이 거래되고 있다. 지금 이 순간에도 익명의 개발자가 또 발행하고 있는지도 모른다. 이렇게 간다면 통화의 가치는 계속 올라가고 결국엔 종이 화폐는 사라질 운명에 처할 수도 있다.

이렇게 가상 화폐가 인기 있는 이유는 가격의 변동폭이 크고 가치가 점점 더 상승하기 때문이다. 어쩌면 우리는 비트코인을 금이나 석유, 종이 지폐보다 더 중요하게 여길지도 모른다. 이미 석유는 고갈되어 가고 있고 달러는 통화 기금에서 만들어 내고 있어 이제 더 이상 큰 기능을 하지 못하고 있다.

이런 현실 속에 유럽과 일본을 필두로 비트 코인을 구입할 수 있는 거래소가 생겨나고 있고, 우리나라에서도 비트코인(bit coin)을 구매하는 사람들이 많이 늘어났다.

그러나 비트코인은 많은 장점만큼 단점도 크게 나타난다. 미국에선 온라인 거래상에서 비트코인(bit coin)으로 마약이나 무기를 구입해 논란을 일으킨 바 있다. 비트코인의 익명성 때문에 인터넷 도박, 불법적인 무기 거래, 탈세, 돈세탁 등 부정적인 곳에 사용할 수도 있다. 이러한 것을 막기 위해 이제 IT 정보의 해킹과, 해커의 기술과의 전쟁이 시작될 것이다.

비트코인(bit coin)은 세계적으로 금융 위기가 올 때마다 가치가 미친 듯이 고공 행진을 한다고 한다. 현재 비트코인 등 다양한 가상화폐 투자 시장은 투기성이 매우 강해 가격의 상승 및 하락 변동이 심해 매우 위험하지만 겉으로는 안전한 투자 상품으로 보이게 하는 두 얼굴을 가지고 있다. 사람들의 물질만능주의 화폐 탐욕은 이제 가상화폐로 더욱 커질 것 같다.

5.
'코딩 교육' 제대로 알기

코딩 교육과정에서 코딩(coding)과 과목 교육은 구분해서 접근할 필요가 있다. 코딩과목과 코딩 교육을 지향하는 방법과 접근은 가르치는 사람마다 각기 다르다. 그럼에도 한 번쯤 짚고 넘어가야 할 것은 아이들을 위한 코딩 교육은 성인의 그것과는 구분되어 진행해야 한다는 것이다.

초·중·고 학생들의 경우 코딩이 대학교 입시의 특별전형과 일반전형으로 연계되어 있는지, 학교에서 정규과목으로 어떻게 설정될 것인지, 코딩을 통해 가질 수 있는 직업에는 어떠한 것이 있는지 등 수많은 질문들이 제기되고 있다.

사실 코딩 하나 배우기에도 선택과 기준이 너무나 방대하다. 그렇기에 코딩 교육의 본질은 무엇인지, 시작은 어떻게 하는 게 좋은지 등을 분석하고 접근해야 한다. 잘못하면 코딩을 배우지 않으면 마치 시대에 도태되는 것처럼 얘기하는 시중의 떠도는 말에 현혹되기 쉽다. 서두르는 것보다 제대로 된 교육기관을 통해 교육을 받는 것이 무엇보다 중요하다.

코딩에는 어느 한 분야만이 아닌 정보통신 관련 각종 소프트웨어의 프로그램이 다 포함되어있다. 정보통신 분야 소프트웨어이기 때문에 모든 사람들의 일상에서 흔히 접할 수 있지만 우리는 아직도 나에게 멀리 떨어진, 관계가 없는 분야라고 생각하는 경우가 많다.

중요한 점은 세계적으로 성공한 유명 인사들이 모두 IT 기술 중 코딩을 활용했다는 것이다. MS의 빌게이츠, 애플의 스티븐 잡스는 "모든 사람들은 코딩을 배워야 합니다. 코딩은 생각하는 방법을 가르쳐 줍니다."라며 코딩 교육의 중요성을 강조한 바 있다.

여기에서 우리가 주목해야 할 것은 유명인처럼 성공하는 게 중요한 게 아니라 생각하는 법이라는 부분이다. 그러나 현실은 많은 학교와, 학원, 각종 TV광고의 등쌀에 떠밀린 학부모들이 코딩의 개념조차 이해하지 못한 채 아이들을 코딩 학원으로 보내고 있다.

코딩 교육의 고속열차 속으로 달려가는 학생들의 진정한 코딩 교육적 사고는 어떻게 키워낼 것인가? '코딩' 열풍에 휩쓸려 교육을 받든 소신이 있어 교육을 받든 미래세대에게 코딩을 교육하는 것은 가치있는 일이다.

그렇다고 세계적으로 성공한 유명 인사들처럼 아이들을 키워내라는 뜻은 아니다. 교육의 핵심은 창의적으로 생각하는 습관을 길러주는 것이다. 코딩은 자신이 스스로 방법을 생각하고 창조해내는, 사고력을 길러 나가는 것이다. 수학 문제처럼 탁탁 정답을 이론적으로 찾아내고 외우는 암기가 아니다.

그런데 현재 코딩 교육이 목적과 본질에 맞게 이뤄지고 있는지는 의문이다. 모든 교육을 다 비판하고 싶지는 않지만 창의적이어야 하고 사고력을 길러야 한다는 목적을 잊은 채 돈벌이에만 혈안이 된 교육 담당자도 있는 게 현실이다.

현재 우리 학생들은 일주일 혹은 한 달 내내 너무나 바쁘게 생활한다. 무거운 책가방을 메고 학교와 학원을 오가는 생활 속에 내가 무엇을 하고 싶은지, 왜 해야 하는지, 어떻게 하면 좋을지 등에 대해 깊게 생각할 마음의 여유는 없다. 영어, 수학이 교육에서 큰 비중을 차지하고 점수로 인생의 진로가 결정되다 보니 시험에 너무나 많은 시간을 소비하고 다른 방향으로 생각할 시간을 갖지 못하는 것이다. 진로는 나중에 대학에 들어가고 나서 결정해도 된다는 철학을 암암리에 집어넣는 대한민국의 교육정책은 현실과는 상당한 괴리가 있다.

학생들의 사고가 없는 것이 아니라, 생각할 시간을 갖지 못한다는 현실이 안타깝다. 대학입시 위주 교육정책의 문제점을 지적하는 것이다. 스스로 생각하고 결정하도록 하는 것이 아니라 주변에서 강요하는 분위기에 편승해 자신의 실력보다 높은 어려운 문제를 편법으로라도 성취하도록 조장한다. 선택 결정을 할 때도 자신의 생각보다 소위 사회에서 '성공한 사람'으로 인식되는 분야에 집중하도록 한다.

자신의 생각을 펼쳐나가지 못하면 진로선택의 기로에 직면했을 때 선택 장애를 겪을 수 있다. 자식들의 성공만을 좇는 요즘 부모들을 가리켜 헬리콥터 맘, 캥거루 맘이라고 한다. 이런 부모 밑에서 자란 아이들의 사고력은 크지 못한다. 어떤 문제에 직면했을 때 스스로 문제를 해결할 능력을 키우는 것은 생각처럼 쉽지 않은 일이다. 이것은 오랜 습관의 산물이다. 그리고 학생 스스로 선택의 과정이나 결과에 대해 책임을 질 수 있어야 한다. 이런 중요한 사항을 갖출 기회를 우리네 부모들이 막고 있는 현실을 우리는 직시해야 한다.

학생들의 성적은 대학의 진로 선택에 큰 영향을 미친다. 그렇다고 해서 과정이 생략된, 시험 결과만을 가지고 아이들의 장래를 결정짓는 것은 위험하다. 다양한 과정을 겪으며 생각하는 힘을 키울 때 창의적 사고력이 커진다. 자신의 사고에 의해 결정하지 못한다면 선택한 결과에도 만족하지 못할 뿐 아니라 성인이 되어서도 매사 결정을 하지 못하는 어린아이와 같은 수준에 머무를 것이다.

2018년부터 코딩 교육이 선택 아닌 필수가 된다는 소식이 전해지자 어떤 부모들은 수백만 원을 쏟아부으며 유치원, 초등학생에게 코딩 교육을 시키고 있다. 현재 코딩 교육의 열풍을 보면 그 중심에 학부모들이 자리 잡고 있는 것 같다.

코딩 교육의 기본개념을 이해한다면 coding point를 찾는 것이 진정한 교육이다.

우리나라도 이제 IT 강국으로서 2018년부터 소프트웨어 교육이 의무화된다.

이제 코딩이나 소프트웨어 교육, IT 교육은 선진국의 전유물이 아니라 전 세계 누구에게나 배움의 기회가 주어지는 교육의 평등 시대가 오고 있다.

현재 인도는 컴퓨터와 인터넷 분야의 강국이다. 지속적으로 IT 교육을 실시해 왔기 때문이다. 우리나라도 실업계 고등학교뿐만 아니라 특성화 고등학교에서는 IT 교육을 실시하고 있다. 물론 대학교 입시에서도 IT 특별전형, S/W 전형 등이 증가추세에 있다. 나아가 대학교 교양 수업으로 IT 관련 코딩 교육을 도입하는 학교도 많이 생겨나고 있다. 이렇게 코딩의 접목으로 생활의 편리함을 느끼다 보니 아이들을 위한 기초 코딩 교육이 활발해지고 있다.

코딩 교육의 목적은 창의성뿐만 아니라 인성, 융합적 사고, 문제 해결 역량을 발휘할 수 있도록 새로운 가치를 만들어 내는 것이다. 그것이 학교 코딩 교육이 나아갈 바다. 전문 교육보다 게임을 접목하여 학생들의 흥미를 높여나간다면 코딩 교육은 우리 세대뿐만 아니라 다음 세대에 물려줄 멋진 유산이 될 것이다.

제 **2** 장

대한민국 코딩의 현주소

1.
V.R(Virtual Reality, VR), 가상현실이란?

요즘 이슈가 되는 말 가운데 V.R 현실이란 것이 있다. V.R[5]은 컴퓨터를 이용해 만들어 낸 가상공간을 말한다. 가상현실이 주목받고 또 상용화되고 있는 배경에는 누구나 사용하는 스마트폰의 확산도 한몫을 했다. 최근 출시되는 스마트 기기들은 V.R 현실 기능을 결합하여 출시하는 경우가 많이 있다.

지금처럼 상용화된 V.R이나 가상세계라는 말은 예전에는 없던 말이다. 초창기 가격이 비싼 컴퓨터도 지금처럼 누구나 쉽게 접할 수 있는 물건이 아니었다. 가상현실이란 말은 이해하지만 컴퓨터나 소프트웨어를 다루는 게 익숙하지 않다 보니 가상현실이라는 단어를 심각하게 인식하지는 않았다. 하지만 알고 보면 가상현실

---

5 V.R: Virtual Reality, VR = 가상현실 ① 어떤 특정한 환경이나 상황을 컴퓨터 시스템을 통해 실제와 똑같이 마치 주변 상황·환경과 상호 작용을 느낄 수 있도록 하고 있는 것처럼 만드는 기술. ② 가상현실은 3차원 그래픽과 애니메이션, 시뮬레이션 기술 등이 결합한 복합적인 기술.

은 오래전부터 인류의 관심분야였고 특히 공상과학소설이나 영화 등에서 빈번히 다루기도 했다.

요즘 아이들은 디지털 환경에서 자라나다 보니 소프트웨어 전문 용어들에 상당히 익숙해져 있다. 아이들은 빈번히 3D 가상현실 게임을 하며 게임의 주인공처럼 그 공간에 있는 것 같은 느낌을 받곤 한다. 어릴 때부터 V.R 체험을 하다 보니 직업으로 V.R 게임방을 창업하는 사람도 있을 정도이다.

V.R 현실은 영화에서도 많이 보여주고 있다. 그러나 V.R은 인터넷과 마찬가지로 처음에는 군사적 목적의 모의 비행 훈련에서 시작되었다고 한다. 그러나 이제는 인공지능, 의학기술, 생명과학, 우주과학, 로봇공학 등 다양한 분야에 활용되고 있다. 『매트릭스』, 『아바타』와 같은 SF 영화를 보면 가상현실을 시각적으로 잘 구현해 놓았다.

V.R은 교육 분야에도 혁신적으로 기여, 큰 변화를 만들어내고 있다. 가상대학, 사이버대학, 대학들과의 원격 공동연구 등 가상 공간에서 상대방과 한 공간에 있는 것처럼 회의를 진행하는가 하면, 원격으로 교육 연구를 할 수 있게 되었다. 통신 분야, 사회, 문화면에서도 가상현실이 많이 응용된다. 게임은 물론이고 앱을 사용하는 사용자나 다양한 소프트웨어 프로그램 가상현실, 가상공간도 있다.

V.R 현실은 컴퓨터의 각종 C.G(컴퓨터 그래픽) 기술을 사용하여 현실을 그대로 재현해낸다. 감상자들은 고글, 헤드셋 등의 장비를 활용하면 영화에 몰입할 수 있다. 그러나 종종 장비를 착용하고 난 후 눈의 피로나 어지럼증을 호소하는 경우도 있다.

시중에는 가상현실을 활용한 영화, 놀이기구, 예술작품, 교육 콘텐츠, 의료장비 등이 있는데 흥미로운 것은 오감으로 실제처럼, 혹은 더 이상의 스펙터클한 맛을 느낄 수 있다는 것이다. 이것은 V.R 기기의 성능의 향상으로 더욱 현실감 있는 체험을 가능케 한다.

대표적인 몇 가지 예를 들어보면,
○○월드 어드벤처의 놀이기구인 '후렌치레볼루션2는 HMD(Head Mounted Display)를 착용하고 롤러코스터를 탑승하고, 중세시대를 체험하는 가상의 판타지 여행 콘텐츠이다. 아이들이 좋아하는 ○○월드의 '4D 슈팅 씨어터'도 V.R을 이용한다. 이들 놀이기구는 특수화된 기술을 접목하여 의자의 진동, 비, 바람, 천둥소리 등을 더욱 현실감 있게 구현한다. 사람들은 매순간 펼쳐지는 눈앞의 상황에 짜릿한 스릴을 느끼며 놀이에 빠져든다.

V.R 게임에는 말을 타고 달리며 범인에게 총을 쏘는 것도 있다. 3D 게임에서 한 층 더 업그레이드 된 기술력으로 색채와 등장인물의 움직임이 더 정교해졌다. 마치 내가 무법자가 된 느낌을 받기도 한다.

사람들이 가상현실 체험을 좋아하는 이유는 현실에서는 상상할 수도 없는 무기를 쉽게 구입하고, 억대의 금액을 베팅하고, 날개를 달고 날고, 총을 쏘고, 자신이 만든 캐릭터의 주인공이 되는 체험을 할 수 있기 때문이다.

우리는 현실의 치열한 경쟁 속에서 살다 보면 자신의 존재감을 느끼지 못할 때가 있다. 때론 현실생활이 무의미하게 보일 때도 있다. 이럴 때 우리는 가상현실을 만들어 그 속에서 영웅이 되고, 의미 있는 체험을 하고 싶은 욕구가 생긴다. 현실을 부정하고 외면하고 싶은 마음을 들여다보면 결국 더 좋은 삶을 살고 싶다는 것이다. 그래서 더욱 현대인들은 더욱 찾을 것이다.

가상현실이 만들어내는 신기한 체험과 편리함 속에 자칫 인간은 고립되는 병폐가 우려되기도 한다. 가상현실에 이어 증강현실이나, 혼합현실이 회자되고 있지만 중요한 것은 결국 인간의 현실이라는 것을 잊지 말아야 하겠다.

위에서 살펴본 대로 가상현실은 산업과, 기술, 경제 모든 분야에 큰 부가가치를 만들어내고 있는 것이 사실이다. 그러나 이러한 기술들이 때로는 현재 나의 존재와 가상현실 속의 나의 존재를 혼동하게 할 수도 있다. 심지어는 가상현실 속에서만 익숙해져 현실에 적응하지 못하는 현상이 벌어지는 사례도 있다. 특히 감각적인 유혹에 빠져들 확률이 높은 청소년들에게 가상현실이나 게임은 삶의 가치관 형성에 득보다 실이 더 많다는 것이 필자의 생각이다. 성장하는 뇌는 가상현실을 진짜처럼 생각하기 쉬워 현실에서 종종 제어되지 않는 경우가 생길 수 있다. 심하면 현실을 부정하고 가상현실 속에서처럼 살려는 현실 부적응자를 양산할 수도 있다.

따라서 V.R 기술의 유용한 면을 잘 살려 인간의 삶에 긍정적 혁신을 가져올 수 있도록 잘 활용하는 지혜가 무엇보다 필요하다 하겠다.

2.
A.R(Augmented Reality), 증강현실이란?

MBC 예능 리얼 버라이어티 『무한도전』은 예능인들이 각자의 스마트폰 앱으로 무도리 GO 캐릭터를 찾아가는 프로그램을 방영, A.R[6](증강현실)을 대중들이 이해할 수 있는 발판을 마련해 주었다.

증강현실이란 현실을 배경으로 3차원의 캐릭터, 혹은 가상의 사물을 덧붙여 보여주는 기술로 그 주체는 현실이 된다.

특징 현실 배경 + 가상 캐릭터 = 가상현실보다 더 업그레이드

쉽게 말해 A.R(증강현실)은 현실에 V.R(가상현실)을 접목한 것이라 보면 된다. 이것이 가능한 것은 그만큼 A.R 기술이 우리 현실에서

---

6 A.R: (Augmented Reality) = 증강현실
   사용자가 보는 현실 존재하는 이미지에 가상 물체, 즉 이미지를 겹쳐 영상으로 보여주는 기술.

널리 활용될 만큼 대중화가 되었다는 얘기다.

'무한도전 무도리 잡기'는 스마트폰에 GPS장치와 중력센서 등 위치 정보시스템을 포함시켜 A.R 현실을 구현하는 과제를 제시했다. 스마트폰을 가지고 앱을 실행하여 다니면서 '무도리'라는 캐릭터의 위치를 한강의 배 위에서 잡기도 하였다. 63빌딩 위 창공의 캐릭터를 잡게 되면 점수가 상승하고, 해골을 잡으면 "꽝"으로 점수가 하락하도록 했다.

증강현실은 가상현실보다 더 실감나는 체험학습을 가능케 한다. 창의적 교육 콘텐츠와 새로운 기술 개발로 지루한 교과 교육에 혁신을 가져왔다. 가상현실을 이용한 '가상 체험형 학습시스템'과 증강현실을 이용한 '실감형 체험 학습 시스템'은 학생들로 하여금 창의적이고 자기 주도적인 학습을 하도록 유도하고 있다.

실제로 증강현실을 통해 학생들은 영어, 역사 등 연계 학습을 할 때 가상 세계로 학습 여행을 떠날 수 있고, 생동감 넘치는 체험할 수 있게 되었다. 실제 공간에 이동한 것처럼 착각할 정도이며, 학생 스스로 증강현실의 주인공이 되어 흥미와 즐거움을 느낄 수 있는 학교 교육이 가능해지고 있다.

ex. 차량용 네비게이션, 선거개표 방송, 스포츠 중계, 기상 캐스터 일기 예보 전달 등

기상 캐스터

증강현실을 활용한 일기 예보는 맑음, 흐림, 장마, 폭설 등 다양한 날씨와 배경 정보까지 상세한 정보 전달력을 자랑한다. IT 기술의 변화로 수준 높은 기술력으로 업그레이드되어 가상현실은 증강현실의 영상까지 보여준다. 이러한 가상 레이어는 스튜디오의 기상캐스터 등 뒤 배경으로 캐릭터나 컴퓨터 그래픽으로 보여주고 현실 배경으로 비, 눈, 온도, 파도 높이 등 화려한 영상을 연출해 시청자들의 시선을 모은다.

증강현실의 열풍을 보여주는 '포켓몬 고'라는 게임이 있다. 도대체 얼마나 대단한 게임이기에 이토록 사람들이 걸어 다니면서도 정신줄을 놓고 빠져드는 것일까? '포켓몬 고'는 외국에 출시된 지 얼마 되지 않아 엄청난 인기를 얻었다.

포켓몬 고

  사람들은 거리를 걸으면서 무언가에 빠져 바쁘게 쫓아다니거나, 주변을 보지 않고 걷거나, 한 손에는 핸드폰을 든 채 눈은 그 속에 빠져 있다.

  무엇을 그리 찾고 있을까?

  학교 운동장, 집 안, 도로 등 어디에서나 '포켓몬 Go'라는 게임이 인기를 누렸다. 이것이 바로 증강현실 기술을 기반으로 제작된 스마트폰 게임이다. 한때 TV에서 학생들이나 일반인들이 멀리 버스를 타고 강원도 속초에 가서 핸드폰으로 '포켓몬 고'을 잡았다고 방송을 하였다. '무도리 GO 잡아라' 예능 프로그램에서의 캐릭터처럼 게임 캐릭터를 좋아한 나머지 포켓몬 캐릭터를 잡기 위해 스마트폰을 사용하는 사람이 늘었다고 할 정도였다.

예를 들면 유행인 '포켓몬 고'에 GPS 데이터를 덧붙여 놓는 것인데 게임을 좋아하든, 관심이 없든 상관없이 모든 사람들이 흥미롭게 생각했다. 그들은 초등학교 운동장에서 아파트, 공원, 특히 아파트 17층 방의 창문 너머로까지 손을 내밀며 허공에서 잡는 경우가 있어서 큰 사고를 당하는 경우가 생기는 문제점도 있다. 또는 차가 다니는 도로에서, 횡단보도에서, 저수지 주변에서 '포켓몬' 캐릭터를 잡기 위해 열광을 한다. 무엇을 위해, 무엇을 얻기 위해, 환경의 위협을 받으면서 열광을 하는지….

다른 사람들이 열광을 하니 그 군중 속에서 같은 무리가 되기 위해서인지, 아니면 오로지 자기만족을 위해서인지…; 이유를 물어보면 그들도 잘 모른다. 아마도 가상현실에서 느끼는 공허함을 증강현실을 통해 현실감을 느끼면서 이제는 가상세계가 아닌 현실 속에서도 존재감을 찾기를 원하게 된 것인지도….

이러한 증강현실 기술은 다양한 곳에서 빠르게 상용화되고 있다. 대기업 IT 기술 파트에서는 더욱 많은 증강현실을 접목한 프로그램을 만들어내고 있다. 패션업계에서는 C.G 그래픽으로 다양한 옷을 스케치하여 대중들이 오프라인 매장을 방문하지 않고도 다양한 스타일과 색상의 옷을 입어보는 체험을 제공하기도 한다. 옷 가게에서 입어보고 디자인을 선택하느라 들이는 시간을 아낄 수 있다. 이러한 불편함을 터치 하나만으로 해결해 줄 수 있는 것이 바로 증강현실 기술이다.

교육분야에서도 증강현실은 힘을 발휘한다. 유아 사교육 시장에서는 동화책처럼 넘기면 화면 속 오리가 움직이고 글자가 변화하는 책도 출시되었다. 이렇듯 우리 생활의 많은 문화 콘텐츠가 증강현실로 큰 변화를 일으키고 있다.

증강현실은 뉴스나, 드라마, 예술 분야, 문화 등 미디어 콘텐츠를 현장감 있게 제공해 준다. 증강현실 기술력의 증가는 새로운 분야의 콘텐츠를 무궁무진하게 생성해 낼 것이다.

그러나 증강현실 역시 현실에서 많은 문제점을 일으킬 수 있다. 우리의 일상을 편리하고 윤택하게 해 주는 반면 개인 정보가 무분별하게 노출된다는 지적이 있다.

가상현실이든 증강현실이든 신기술은 항상 긍정과 부정을 동시에 내포하고 있는 만큼 기술 개발과 부작용에 대한 분석을 통해 좋은 방향으로 기술이 사용되도록 해야겠다. 더구나 질 좋은 데이터, 고화질 화면, 합리적인 가격 등을 통해 대중화가 되도록 하는 것도 중요하다 하겠다. 여전히 해결해 나가야 할 과제가 남아 있지만 분명 우리가 증강현실의 시대를 살아가고 있음은 부정할 수 없다.

3.
M.R(Mixed Reality, 현실세계+가상세계), 혼합현실

혼합현실(M.R)[7]이란?

증강현실과 가상세계의 장점만을 취하여 두 기술을 혼합하여 만들어진 세계를 말한다. 이는 스마트 환경을 가상과 현실이 자연스럽게 실시간으로 상호작용할 수 있도록 정보를 제공하여 보여주는 기술로 정의할 수 있다.

혼합현실 체험을 하려면 홀로렌즈(Hololens)를 사용해야 한다. 이것은 안경에 장착된 초소형렌즈로 우리 주변을 홀로그램을 덧씌워 보는 효과를 준다.

각 대학에서는 혼합현실 융합연구센터를 설립하여 기업과 기술

---

7 M.R : Mixed Reality(혼합현실). 복합현실이라고도 정의하고, A.R 현실세계와 V.R 가상세계 새로운 환경, 시각화 등 새로운 정보를 융합하여 만드는 기술.

을 융합, 새로운 환경이나 시각정보를 만들어 내는 연구를 활발히 하고 있다. 혼합 현실은 정보통신, 재활의학, 디자인, 교육, 역사 등 다양한 분야에 적용되고 있다.

혼합현실이 가상현실과 증강현실보다 더 나은 점은 같은 공간에 있지 않은 사람과도 쉽게 정보를 공유할 수 있다는 점이다. 이용자가 사물의 움직임을 카메라로 포착하게 되면 멀리 떨어져 있는 곳의 사람들도 그 과정을 실시간으로 공유할 수 있게 되는 것이다.

'2017년 상암동 스퀘어 페스티벌'은 혼합현실을 일반인들이 다양하게 체험할 수 있는 장을 마련한 바 있다.

혼합현실을 사용하면 불국사를 방문하지 않고도 불국사의 탑을 현실감 있고 정교하게 살펴볼 수 있다. 고전 음악의 대가 베토벤이라는 역사적 인물을 만나고 싶다면 홀로그램을 쓰고 여행을 떠날 수 있다. 내 눈앞에서 피아노를 연주하는 베토벤의 모습을 살아있는 실제처럼 본다는 것은 그 자체만으로 짜릿한 일이 아닐 수 없다.

역사 탐방 쪽으로 눈을 돌려볼까?
예전에는 동물, 위인들, 조류 등 궁금하고 알고 싶은 것은 책이나 전시관 및 박물관을 통해 보고 배웠다. 전시관이나 박물관에는 많은 역사적 이슈들이 잘 꾸며져 있지만 어디까지나 역사적인 시간과 공간을 간접적으로 체험할 수밖에 없었다. 역사를 거슬러

구석기, 신석기 등의 시대적 배경과 환경을 눈으로 살펴보는 정도에 머물렀다. 특히 큰 공룡 같은 동물은 우리가 실체를 볼 수 없는 멸종 상태이기 때문에 모형을 통해 '아, 이런 게 있었구나' 하고 생각할 뿐이었다.

그러나 혼합현실의 기술을 입은 상태에서는 수족관에서 보던 고래나, 멸종되었던 공룡, 각종 조류 등 많은 것을 실제 현실처럼 느끼고 볼 수 있다.

현재 혼합현실은 우리의 상상을 뛰어넘을 정도로 엄청난 속도로 발전하고 있다. 개중에는 증강현실이란 단어도 들어보지 못했거나 생소하게 느끼는 이들이 있다. 이들이 만약 혼합현실을 체험한다면 기술의 발달에 혀를 내두를 것이다.

아직 혼합현실을 체험해 본 사람들이 그리 많지는 않다. 더구나 TV나 IT 소프트웨어에 무관심한 사람일수록 더 가상, 증강, 혼합현실이라는 세계는 낯선 얘기일 것이다.

그러나 개념은 쉽다. 가보고 싶은 유럽의 구석구석이나 우주행성을 직접 만나보고 싶지 않은가? 아니면 내가 원하는 이상형의 애인을 자동차에 옆자리 앉히고 드라이브를 즐기고 싶지 않은가? 이 모든 것이 가상이지만 현실과 거의 유사할 정도로 체험할 수 있도록 한 것이 혼합현실이라고 보면 된다.

앞에서 언급했던 가상현실, 증가현실, 그리고 혼합현실은 모두 소프트웨어를 사용한다는 공통점이 있다. 가상현실도 소프트웨어를 탑재한 컴퓨터나 핸드폰 같은 하드웨어, 즉 3D 장비가 있어야 하고 혼합현실도 마찬가지다. 가상세계에서 사용하는 두꺼운 선글라스 같은 기계장치인 홀로렌즈(Hololens)를 눈에 착용해야만 볼 수 있다.

현재 국내외 전자제품 관련 기업들은 다양한 사용층 확보와 소비자들의 시각적 욕구를 만족시키기 위해 다양한 컨텐츠를 개발, 연구하고 전시회도 활발하게 진행하고 있다. 국내 반도체 기술의 성장으로 더 빠르게 제품 출시가 가능하게 되었다.

의료 현장에서는 더 많은 인간의 의료 시술과 관련하여, 가상 수술 시뮬레이터와 같은 연구가 활발히 진행 중이다.

빠르게 변화하는 기술 앞에 아날로그 세대들은 변화의 속도에 어리둥절하거나 쫓아가지 못하는 자신을 한탄할지도 모르겠다. 아니면 시대를 불평하거나 부정하고 싶을지도…. 그러나 젊은이들은 새로움을 받아들이는 데 거리낌이 없다. 현재 가상이나 증강현실, 혼합현실의 기술 개발 또한 호기심과 도전의식으로 똘똘 뭉친 젊은 사람들이 주도하고 있다. 구글, 야후, 네이버, 다음과 같은 세계적인 IT 기업은 전 세계 무대를 상대로 창의력과 기술이 있는 인재를 찾기 위해 심혈을 기울이고 있다.

이처럼 혼합현실이 우리의 눈앞에 펼쳐진 만큼 세계의 IT 기술 흐름을 선도하거나 발맞춰 나갈 인재를 개발, 육성하는 것이 우리의 첫 번째 과제일 것이다.

4.
S.M.A.R.T 스쿨, 학교가 변해가요.

앗~ 학교가 새로워졌어요….

학교 교육환경이 빠르게 변화하고 있다. 그중에서 녹색 칠판에서, 하얀색 보드 칠판으로, 이제는 전자 칠판으로의 변화는 가장 눈에 띄는 변화다. 교사에게 교탁에 있는 묵직한 컴퓨터가 아닌 태블릿 PC 같은 전자 칠판이 제공되어 교육의 효율성이 더욱 높아졌다.

디지털 기술이 학교에 가져다 준 것은 '스마트 교육'이라는 혁명적인 변화다. 수업의 방식이 전자 펜 같은 걸로 쓰고 지우고 화면으로 보여주며 수업을 한다고 하니 이미 핸드폰과 PC, 태블릿 PC에 익숙한 우리 학생들은 크게 신기하다고 생각하지 않는 모양이다. 일상에서의 교육이나 취미도 거의 소프트웨어 교육이나 게임으로 이루어지는 경우가 많아지고 문화 콘텐츠도 그러하지만 학생들은 오히려 잘 받아들이고 있다.

잠시 머지않은 과거로 돌아가 보자. 몇 년 전까지만 해도 초등학교, 중학교, 고등학교에 소프트웨어 교육에 맞는 환경을 만들어 준답시고 학교 교탁에 컴퓨터와 TV 모니터형 화면을 통해 학생들에게 알림사항을 안내해 주었다.

그러나 학교는 이제 코딩 교육이라는 소프트웨어를 겸하는 '스마트 스쿨'이 되어 가고 있다. 나아가 학교뿐만 아니라 공교육을 지원하는 EBS도 "ebs 스마트 스쿨" 서비스를 내놓고 있다. 유투브와 같은 다양한 미디어를 통한 스마트 스쿨의 변화는 모든 교육 시장에 큰 변화를 만들어내고 있는 것이다.

"S.M.A.R.T" - 스마트 교육이란? 먼저 스마트 교육은 단어의 해석처럼

S = Self-Directed, 자기 주도적

M = Motivated, 동기

A = Adaptive, 수준과 적성

R = Resource Enriched, 풍부한 자료

T = Technology Embeded, 기술 활용

= 학생들의 자기 주도적 학습을 바탕으로 디지털 컨텐츠 기술을
   활용하여 교육하는 새로운 시스템이라고 정의한다.

예전 책장에 수북이 꽂혀 있던 종이책을 이제는 디지털책, 즉 미디어 화면으로 교육하는, 학생들 개인의 수준과 적성을 생각한 맞

춤형 교육이라고 이해하면 된다. 아날로그 시대에는 종이로 된 교과서, 연필, 공책이 주요 교육의 도구였다면 이제는 교육의 중심이 디지털로 변화하였다. 예전에는 교육 방식도 학생들에게 지식을 주입하는 일방적인 전달 방식이었다. 지금도 상당수 학교에서는 여전히 예전의 방식을 고수하고 있는 것이 대한민국의 교육 현실이기도 한다.

30년 전 초등학교 시절에 아날로그 교육 현장에서는 주요 학습 자료는 그림, 사진, 그래프 등이었다. 학교의 교육에 처음 OHP 필름이 제공되면서 학생들에게 교과서와 이론적 내용을 벗어나 효율성 높은 수업이 시작되기도 했다. 이것은 아날로그에서 디지털 시대로의 외적 변화뿐만 아니라 컴퓨터 시청각 수업을 통한 수업의 질적 변화를 가져온 획기적인 사건이었다.

지금은 시대가 발전해 교육현장에서는 필요한 정보를 얼마든지 쉽게 검색할 수 있고, 또한 미디어와, 동영상, 외국의 전문 자료들도 해석이 가능해 다양한 수업을 진행할 수 있다. 학교는 학생들에게 효율성 있는 교육의 장이 되어 가고 있다.

더구나 '스마트 스쿨'은 학생과, 교사, 그리고 학부모와의 소통을 증대시켜 주는 장점이 있다. 왜냐하면 '스마트 스쿨'은 전통적인 미디어 방식과 다르게 양방향 소통 수업이 가능하기 때문이다.

내 아이를 위한 창의적인 코딩 육아

'스마트 스쿨'을 접하는 아이들은 학교나 집에서 상관없이 소프트웨어 환경을 많이 접한다. 그러나 여기에도 교육의 기회의 불균형이 생긴다. 현재 모든 초, 중, 고 학교에서 '스마트 스쿨' 교육이 다 제공되고 있는 것은 아니기 때문이다. 최소한 기본적인 교실이나 강의실, 전자 칠판, 스마트 패드, 무선 네트워크 등의 활용만큼은 모든 학생들이 균등하게 받을 수 있도록 해 주어야 한다.

현재 학교에서는 학부모에게 스마트폰으로 공지사항이나 특별내용을 안내하는 '알림 서비스'를 제공하고 있다. 스마트 교육이 이제는 스마트 교실의 차원을 넘어 네트워크의 변화까지 일으켜 학교, 학생, 학부모, 가정 간에 상호 소통이 되는 수준까지 이르렀다.

알림 사항을 종이로 배부하면 학생들이 전달 과정에서 분실하거나 가방 속 다른 자료와 뒤섞여 제대로 전달되지 않는 경우가 빈번했다. 그러나 스마트폰으로 공지나 알림을 전송할 경우, 종이를 배부하는 시간과 수거하는 시간이 필요없고 비용이 절약되는 장점이 있다. 그러나 다양한 종류의 하드웨어가 필요하다는 것은 학부모와 학생들에게 비용의 부담을 준다. 스마트폰을 소유하지 못했거나 앱 설치 등 프로그램을 다루는 방법이 서툰 학부모들은 학교와 원활히 소통하지 못하는 단점이 있기도 하다.

예전에 비해 스마트한 시대를 살아가고 있는 우리 학생들이지만 모두 만족스러운 소프트웨어 교육을 받고 있는 것은 아닐 것이다.

그러나 최소한 디지털 교육만큼은 질적이나 양적으로 불균형이 있어서는 안 되겠다.

이러한 스마트 교육은 다음의 몇 가지 해결 과제를 안고 있다.

- 스마트 교육은 학교와 가정 구분없이 네트워크가 가능한 디지털 교과서와 수업이 제공되어야 한다.
- 소득의 격차 없이 누구에게나 PC, 태블릿 등 다양한 하드웨어 기기가 제공되어야 한다.
- 학생들 각자의 적성과 능력에 맞는 수준별 스마트 교육이 이루어져야 한다.

학교에서 '스마트 교육'이 이루어지기 위해서는 소프트웨어와 하드웨어의 기능을 숙지해야 한다는 전제가 깔린다. 학생들이 제대로 기능이나 지식을 숙지하지 않고 사용한다면 학생들의 수준 차이는 시간이 갈수록 더 벌어질 것이다. 그러다 보면 누군가는 사교육에 의존하여 소프트웨어나 코딩 교육을 받을 것이다. 사교육은 우리가 이미 다른 교과목에서 경험을 했듯이 디지털 교육에서도 학생별 수업의 양과 질은 많은 차이가 날 것이다. 이것은 또 다른 사교육비 부담으로 이어지는 악순환을 초래할 것이다.

'스마트 교실'로의 변화는 시대적 흐름이고 긍정적 결과를 기대할 수 있다는 점에서 반길 일이다. 그러나 그렇게 되기 위해서는 모든 학생들에게 차별 없는 스마트 교실 교육이 행해져야 한다. 또한 도시와 지방에 상관없이 누구나 일관된 환경에서 평준화된 교육을 받을 수 있어야 한다.

5.
'거꾸로 수업(Flipped Learning)' - '플립 러닝'

기존의 학교 교육 방식을 완전히 뒤집다.

21세기가 요구하는 미래 인재는 전문성, 의사소통능력, 창의적 사고력 등을 갖춰야 한다. 코딩 교육을 해야 하는 이유도 바로 여기에서 찾을 수 있다. 요즘 일선학교에서는 '거꾸로 수업'이 한 대안으로 나왔다. '거꾸로 수업', 즉 플립 러닝, F.L(Flipped Learning)은 학생이 학습의 주인공이 되어 이끌어 나가는 방식이다.

'플립 러닝' 수업은 학습내용을 학생 스스로 선행학습한 뒤 예습한 부분에 대한 질문과 토론 형태로 이루어진다.

'플립 러닝'은 두 가지 이상의 학습 방법을 함께 사용하는 혼합형 학습이다. 디지털 기기를 매개로 정보를 검색한 뒤 서로의 의견을 교환하는 과정에서 학습의 효과는 극대화된다.

'플립러닝[8]'은 앞장에서 설명한 '스마트 교육' 중 코딩 교육의 소프트웨어, 즉 IT 기술을 기반으로 한 수업으로 새로운 패러다임이라고 볼 수 있다.

그러나 우리의 아이들은 아직도 입시 교육의 틀에서 벗어나지 못하고 있다. 학생들은 오로지 좋은 성적을 얻기 위해 학교를 마치면 학원이나 과외 시장을 전전한다. 제도적인 변화와 국민의 의식 개혁 없이는 공교육의 정상화는 이루어지지 않을 것이다. 현재는 공교육, 사교육 가릴 것 없이 일방적인 지식을 전달하고 그대로 받아먹는 주입 일변도의 수업을 하고 있다.

그래서 '거꾸로 수업'에 거는 기대가 크다. 이것은 교사와 학생 모두에게 신선한 자극을 주는 동시에 새로운 교육의 방향에 눈뜨게 한다. 다행인 것은 거꾸로 수업을 시도하는 학교가 점점 많아지고 있다는 것이다.

'거꾸로 교실수업'은 학생들 각자가 가정에서 동영상이나 미디어 학습으로 미리 개념을 익혀오도록 한다. 교실에서는 팀별 토론이나, 질의응답, 문제 해결 등 다양한 형태로 참여하는 토론식 수업을 진행한다. 토론으로 여러 개의 주제를 다룰 수 있고 놀이를 통

---

8 플립 러닝 : F.L(Flipped Learning) 거꾸로 뒤집혀진(Flipped) 학습(Learning). 전통적인 일방적인
   수업 방식 정반대의 개념이며, 주체는 학생이며, 수업 전 미리 내용을 학습하며, 교실에서 예습한
   내용과 질문, 토론방식

한 학습도 가능하다.

'거꾸로 수업'은 학생이 주체가 되어 학생들끼리 상호소통을 통한 지식의 극대화를 꾀하는 수업방식이기 때문에 교사는 조력자 역할을 할 뿐이다. 그렇다고 해서 교사의 역할이 터부시되는 것은 아니다. 오히려 원활한 진행을 위한 코치로서의 역할이 더 중요해졌다고 할 수 있다. 교사는 학습자에게 지식을 전달하기보다는 학생들 스스로 문제해결을 해 나가도록 가까이에서 지켜봐 주어야 한다.

기존의 교육 방식
= 주체가 교사

플립 러닝(Flipped Learning)
= 주체가 학생 스스로

이러한 거꾸로 수업 또한 IT 기술의 활용이 교육의 바탕을 이루게 되어 하드웨어와 소프트웨어를 이해하고 운용할 수 있어야 한다. 그러나 핵심은 기능을 익히는 것에 있는 것이 아니라 이를 기반으로 한 창의적 사고를 키우는 것에 있다. 이것은 학습자 스스로 정보를 탐색 및 탐구하고, 주제를 발표 방식이기 때문에 가능하다. 그야말로 열린 수업이라고 할 수 있다.

최근 TV에서 메타인지라는 말을 들어본 적이 있을 것이다. 메타인지는 심리학에서 사용하는 용어인데 '내가 얼마나 아는지를 아는 것, 부족한 점은 무엇인지를 아는 것, 그래서 스스로 능력에 알맞은 학습을 하는 것'이란 뜻으로 이해된다. '플립 러닝'과 메타인지는 깊은 연관성을 가지고 있다. '플립 러닝'의 핵심도 메타인지의 개념인 자기 주도적 학습 탐색 역량에 맞닿아 있는 것이다.

만약 학생들이 학습과정에서 어려운 부분과 맞닥뜨리게 되면 스스로 주체가 되어 개념과 이론에 대한 부족한 부분을 찾아 학습하고 재인지와 재학습으로 이어지는 과정을 거치게 된다. 이렇게 지식을 견고하게 내면화해 나가는 과정이 곧 메타인지의 핵심과 동일한 것이다.

'플립러닝'의 가장 큰 장점은 자기 주도성이다. 학생들은 학습계획을 세울 때 자신의 능력을 정확히 알기 때문에 무리한 계획을 세우지 않으며 자신이 세운 목표에 대해서는 반드시 달성하는 힘을 가지게 되는 것이다.

6.
교육의 지각 변동이 필요하다

디지털 경쟁사회에서 가장 핵심 역량은 코딩, 즉 컴퓨터 프로그램을 만드는 일이다. 코딩을 할 수 있어야 디지털 세상에 맞는 컴퓨터 프로그램을 기획하고, 설계, 작성, 유지가 가능하다. 성인, 학생 가릴 것 없이 코딩에 대해 아무것도 모른다면 디지털 세상에 효과적으로 기능할 수 없을 것이다.

최근 불고 있는 학교의 '코딩 교육' 열풍은 다른 입시 과목처럼 정도를 벗어나 사교육 시장의 회오리바람으로 변질되지 않을까 염려스럽다. 코딩 교육도 유행처럼 몇 년 홍청거리다 끝날 것인지, 모든 학교에서 필수 과목으로 정한 이상 장기적으로 자리매김을 할지 지켜볼 일이다.

정부가 초, 중, 고 학생들에게 소프트웨어 교육을 받게 하는 이유는 무엇일까? 코딩 교육이 학생들에게 논리력, 창의력, 문제 해결력 등을 갖추게 한다는 이유 때문일 것이다. 그러나 무턱대고 '코딩 교육'을 한다고 해서 좋은 결과를 얻기는 어렵다. 학교에서 진행하는 코딩 교육의 무엇이, 어떤 방식이 아이들의 변화를 만들어내는지 명확한 연구와 분석 및 데이터가 있어야 한다. 그렇지 않고서는 소프트웨어 전공자나 대학생들조차 어려워하는 코딩 교육이 초, 중, 고 학생들에게 얼마나 성과를 보일지는 의문이다.

학교는 코딩 교육을 할 때 다양한 콘텐츠나 지원하는 하드웨어를 기계적으로 제공하는 데 그칠 것이 아니라 전문적으로 교육할 수 있는 교사 학보와 전담부서를 설립할 필요가 있다. 외부 인력 확충이 어렵다면 기존의 교사를 대상으로 오랜 시간 동안 교육하여 소프트웨어 교육 전문성을 갖추게 해 주어야 한다.

많은 사람들이 코딩이 국·영·수 과목처럼 입시를 위한 필수과목이 될 것인지, 아니면 자유학기제를 통한 진로교육 강화 차원에서 소프트웨어 교육으로 진행될지 궁금해한다. 선진국에서는 이미 학교 코딩 교육의 활성화를 통해 교육목적과 방향이 잘 정립되어 있다. 우리에게도 진정한 교육의 변화가 필요한 시점이 되었다.

지난해 말, 정부는 2018년부터 소프트웨어 교육 의무화를 발표하였다. 그 내용은 다음과 같다.

- 초등학생 5~6학년: 2019년부터 17시간 이상
- 중학생: 2018년 34시간 필수
- 고등학생: 선택과목에 코딩 추가

학교에서 코딩 교육이 의무화나 선택 과목으로 채택되는 것은 반길 일이다. 그러나 코딩이 하나의 특화된 과목으로만 기능하는 것은 원치 않는다. 다양한 교과목과 연계하는 통합 교육이 이루어진다면 교육의 성과는 매우 클 것이 기대된다.

컴퓨터 프로그래밍 언어는 단기간에 쉽게 익혀지지 않는다. 그러니 코딩 교육을 단기간에 성과를 내기 위해 조급한 기능위주의 교육으로 전락하지 않도록 각별한 관심과 감시가 이루어져야 할 것이다.

우리는 종종 교육의 변화를 꾀할 새로운 콘텐츠는 쉽게 받아들이지 못하고 성공한 사람들의 스토리만을 듣기 좋아하는 경향이 있다. 세계 포럼이나 선진국에서 부자가 된 유명한 사람들의 스토리는 언제나 극적이다. 그러나 그 스토리에만 매료될 것이 아니라 학부모들이 먼저 새로운 교육의 패러다임을 읽고 학생들을 변화의 물결에 뛰어들게 해야 성공자를 탄생시키는 교육의 혁신이 이루어질 것이다.

구소련에서 독립한 에스토니아의 인구는 130만 명에 불과하지만 미국 실리콘밸리에서는 상당수의 에스토니아인들이 활약하고 있다고 한다. 이유는 에스토니아는 초등학교부터 코딩 교육을 실시하는 IT 강국이기 때문이란다. 이처럼 코딩은 어릴 때부터 접하게 할 필요가 있는 중요한 교육이다.

코딩 교육의 핵심은 다양하고 융합적인 사고, 창의적인 아이디어를 갖도록 하는 것이다. 코딩 교육을 통해 아이들이 일상의 다양한 상황에 처했을 때 컴퓨터 알고리즘적 사고를 하도록 하는 것이다.

우리 학생들은 현재 생각할 시간적 여유가 없다. 주입식 교육에 시달려 생각하기 귀찮아한다. 이런 학생들에게 진정한 교육은 외우는 입시위주의 교육이 아니라 앞으로 무엇을 할지, 어떤 형태의 삶을 영위할지 생각할 여유를 주는 것이다.

외국의 코딩 소프트웨어 교육은 사회공헌 활동에 교육적 관심을 두는 경우가 많다 보니 S.W 교육의 대다수가 오픈 소스이고 무료로 제공해 주는 곳도 많다. 포털 사이트를 운영 중인 모 기업은 일찍이 코딩 교육에 많은 투자를 해 왔다. 여타의 기업이나 국제적으로 코딩 소프트웨어 교육이 왜 필요한지 알리는 데에도 널리 앞장서고 있다.

4차 산업 혁명으로 인한 로봇, 3D프린터, 사물인터넷(I.O.T)의 성장으로 약 200만 개 새로운 일자리가 창출될 것으로 전문가들은 내다보고 있다. 로봇이 대체할 직업 또한 약 700만개 이상으로 예측하고 있다. 새롭게 창출되는 직업 중 상당수가 컴퓨터와 코딩 소프트웨어가 연계된 직업이라 할 수 있다. 코딩은 이제는 필수적으로 교육해야 하는 분야가 된 것이다.

제 **3** 장

왜 코딩인가?

프로그래밍 언어, 즉 코딩을 배워야 하는 이유는 무엇일까?

'제4차 산업혁명'의 도래로 빅 데이터(Big data)를 분석할 전문가가 필요하기 때문이다. '제4차 산업혁명'이란 용어는 많은 사람들에게 인식의 새 패러다임을 요구하고 있다. 그럼에도 많은 사람들은 '제4차 산업혁명'이 무엇인지, 이것이 우리의 삶에 미치는 영향이 어떤 것인지 명확히 알지 못한다.

4차 산업혁명 정말 궁금하다. "4차 산업혁명"의 핵심은 빅 데이터 해석 능력이라는 점에서 IT 기술력을 키우고, 지식을 습득해야 한다. 빅 데이터(Big data)란 도대체 무엇을 의미할까?

빅 데이터는 모바일, 인터넷, 사물 인터넷 I.O.T⁹ 등 디지털 환경 속에서 생성되는 방대한 데이터를 가리키는 말이다. 디지털 세상

---

9 사물인터넷: I.O.T(Internet of Things), 스마트 폰, PC, 자동차, 냉장고, 로봇 등 모든 사물이 인터넷에 연결되는 것을 사물인터넷(Internet of Things)이라고 정의.

인 요즘 소셜 네트워크 등으로 수많은 정보가 폭발적으로 넘쳐나고 있으며 그 속도는 점점 가속화되고 있다. 늘어난 방대한 데이터를 자료화하지 않으면 아무런 쓸모가 없는 정보로 전락할 수 있다.

이러한 데이터를 잘 분석하면 미래를 좀 더 정확하게 예측할 수 있다. 그러면 우리의 삶은 더욱 윤택해질 것이다. 방대한 정보를 분석하고 예측하는 사람을 빅 데이터 전문가라고 한다. 빅 데이터 전문가들은 산업혁명의 가속화 속에서 특정기업이나 제품의 소비자 패턴을 읽고, 분석하여 기업의 이익을 창출해 내기 때문에 기업 입장에서는 꼭 필요한 인재다.

앞에서 언급했듯이 '제4차 산업혁명'의 핵심은 기존의 산업혁명처럼 노동력이나 생산기술의 발전이 아니라 데이터를 수집하고 어떻게 해석하느냐 하는 것이다. 1, 2차 산업혁명이 생산방식에 기반을 두었다면, 3차 산업혁명은 IT기술의 발달로 인한 지식정보 사회였다. 이제 '4차 산업혁명'은 지능정보 사회로 나아간다고 볼 수 있다. 4차 산업은 이종 간의 각종 기술과 정보를 융합하는 새로운 국면이 시작되는 것이다.

예를 들면 무인 자동차가 가능해지는 것이다. 자동차의 무인 자율주행 시스템이 다른 사물을 인식하고 서로 소통하기 때문에 스스로 주행이 가능해진다. 이것뿐만 아니라 기술이 통합되고, 다양한 지식이 융합되다 보니 정치, 경제, 과학기술 등 인류의 전 영역 걸쳐 가치 있는 정보를 제시해 줄 수 있게 된다.

4차 산업 혁명에 특히 기대되는 분야가 있다. GPS 빅 데이터, 인공지능(AI), 지능로봇, 의료기술 분야다. 이들 분야의 이노베이션 innovation[10]은 눈부시다. 생산기술, 새로운 시장, 신제품 개발, 신자원의 변화뿐만 아니라 기업의 조직 개선 또는 신제도의 도입 등 폭넓은 개념으로 혁신이 이뤄질 것을 예측할 수 있다.

'4차 산업 혁명'의 변화는 더욱 거세지고 있다. 그러나 20세기와 21세기의 현재 산업혁명을 따로 분리하여 생각할 수는 없다. 현 21세기의 변화된 점이라면 하나의 기술이 주도하는 것이 아니라 기존의 기술이 발전, 혁신, 융합된다는 점이다.

세계적으로 고령화가 진행되고, 1인 가정이 늘어나는 시대, 우리 인간에게 의미있는 것은 무엇일까? 한번쯤 생각해 보아야 할 것이다.

누구는 건강 혹은 돈이라 생각하겠지만 쉽게 예측할 수 있는 것은 사람으로서 외로움을 극복하는 것이다. 이러한 인간의 외로움을 해결할 지능형 로봇이 일본에서 개발되었다. 인간과 교감할 수 있도록 한 'Telenoid' 로봇으로 손발이 없는 조그만 몸으로 만들어졌다. 현재 요양 시설에 사용되고 있다. 최근에는 치매 예방 로봇도 만들어졌다.

---

10 이노베이션(innovation): 사물, 생각, 및 서비스에서의 점진적인 혹은 급진적인 변화를 일컫는 말이며, 혁신, 획기적인 등으로 해석된다. 낡은 기술에 새롭고 선진적인 기술을 도입하여 기술적 변화를 일으킨다는 뜻도 된다.

중국도 2017년 인공지능 로봇을 만들어 내 세계를 놀라게 하고 있다.

'쟈쟈'(佳佳)로 명명된 인공 지능형, 즉 사람과 대화할 수 있는 로봇으로 인간의 실물만큼이나 피부, 머릿결, 등이 정교하고 아름답게 만들어진 로봇이다. 긴 갈색 머리에 금색 드레스, 빨간 숄 차림의 사진의 사진을 보면 아름다운 여성으로 착각할 정도다.

'쟈쟈'는 다른 인공지능로봇보다 경험 학습 기능이 내재되어, 인간과 자연스러운 대화가 가능하다.

이렇듯 세계 각국에서는 인공지능로봇에 사활을 걸고 있다. 앞으로 인간과의 음성 인식, 감정 등을 더 보완해 나간다면 인간과 더욱 뛰어난 교감이 이뤄져 인간의 외로움을 상당수 해결할 날도 머지않은 듯하다.

그런가 하면 인공지능로봇이 기자를 대신해 기사를 쓴다. 이제 인간이 점유했던 많은 부분을 로봇이 대체하는 직업의 변화가 가속화될 것이다.

이렇듯 4차 산업 혁명은 인공지능(AI) 혁명이라고 해도 과언이 아닐 것이다. 몇 년 전, 세계는 흥분의 도가니에 빠진 적이 있다. 바둑 천재 이세돌과 '알파고'(AlphaGo)라고 하는 인공지능의 대결에서 알파고가 승리한 것이다. 알파고는 첫 번째, 최고를 뜻하는 '알파(Alpha)'와 바둑의 명칭인 '고(go)'의 합성어이다. 인공지능 바둑 소프트웨어 프로그램은 인간이 만들어낸 4차 산업 혁명의 총아다.

지금도 인공지능 알파고보다 더 많은 인공지능 기술이 발전을 거듭하고 있으며, 점점 더 감정을 나타내고 인간과 대화하는 로봇이 생겨나고 있다.

인간의 사고, 추론 영역까지 로봇과 인공지능 기술이 도달했다는 것이 놀랍다. 어린 시절 보았던 공상과학영화의 여러 모습들이 차츰 현실이 되고 있다는 사실은 일면 아찔하다. 이들의 등장으로 인간이 주도해온 삶의 많은 영역이 사라질 수 있다고 우려하는 사람들도 많다. 그러나 인간에게 '4차 산업혁명'은 또 다른 사회의 도전이며, 희망을 꿈꿔볼 수 있는 시대라고도 할 수 있다.

내 아이를 위한 창의적인 코딩 육아

2.
스몸비족, 탈출구는 없는가?

　IT 기술, 즉 디지털 기술의 발전은 인간의 삶에 혁신적인 변화를 준 것은 분명하다. 일상으로 파고든 디지털 기술은 신조어를 만들어내기도 한다.

　혹시 스몸비족이라는 말을 들어본 적이 있는가? 스몸비(Smombie)족[11]이란? 주변을 의식하지 않고 좀비처럼 스마트폰을 사용하며 길을 걷는 사람, 즉 스마트폰에 중독된 사람들을 지칭하는 말이다.

---

11 스몸비족: 스마트폰 Smart Phone + 좀비 Zombie = 스마트폰과 좀비의 합성어. 스마트폰을 사용하느라 주변을 살피지 않고 길을 걷는 사람. 스마트폰에 빠져 외부 세계와 단절된 사람들을 지칭한다.

현실에서는 이런 신조어가 성인, 아이들 구별 없이 사용될 만큼 쉽게 스며들고 있다. 스몸비족은 주변을 인식하지 않고 행동하다 보니 자신뿐만 아니라 타인까지 위험에 빠뜨릴 경우가 많다. 인간이 편리를 위해 사용하기 시작한 스마트폰에 오히려 노예처럼 중독되다니, 한편으로는 씁쓸하다.

그러나 이것을 단순히 볼 것이 아니다. 스몸비족의 위험성은 우리나라뿐만 아니라 세계적으로 많이 다루고 있는 주제다. 매일 아침 출근길의 지하철, 버스, 자동차 안을 둘러보면 스몸비족 세상이다. 모두들 스마트폰에 시선을 고정한 채 떼지를 못한다. 우리는 자신의 두뇌를 쓰지 않고 제2의 두뇌, 즉 스마트폰의 두뇌를 사용할 만큼 스스로의 사고와 생각을 저당 잡히고 있는 것은 아닌지….

스마트폰 사용이 일상화되면서 우리는 전화번호, 일정 기록, 은행 업무 등 거의 모든 업무를 스마트폰에 의지하게 된다. 스마트폰이 가져다 준 삶의 편의와 함께 중독의 무서운 현실이 함께 펼쳐지고 있는 것이다.

자신의 분신처럼 가지고 다니던 스마트폰이 사라졌을 때를 상상하는 것은 어렵지 않다. 어떻게 해야 할지 몰라 불안해하며, 일이 손에 잡히지 않는다. 심지어는 생활의 모든 것들이 그 안에 다 들어 있다는 생각에 자신의 존재를 잃어버린 것 같은 자괴감과 상실감에 빠지는 이들도 있다. 이러한 증상을 노모포비아 증후군 (Nomophobia)-'노 모바일 폰 포비아(No mobile-phone phobia)'의 줄임말-이라고도 한다.

스몸비족으로 인해 벌어진 사건 사고는 우리나라에만 국한된 것은 아니다. 중국에서는 길을 가던 젊은 여성이 스마트폰을 들여다보다가 호수에 빠져 사망한 일이 있었고, 미국에서는 운전 중 스마트폰을 들여다보다가 행인을 덮친 사건도 있다. 운전 중 사용하는 스마트폰은 음주운전보다 더 위험하고 심각한 것이다. 필자가 아는 어떤 분은 귀에 이어폰을 꽂고 스마트폰으로 음악을 들으며 한강에서 조깅하다가 마주 오는 자전거와 부딪힌 경우도 있다.

스몸비족은 성인들보다 청소년층에서 월등히 많다. 특히, 학생들은 밤낮없이 이어폰을 끼고 스마트폰에 빠져 전방을 살피지 않는다. 신체 성장에 비해 뇌가 균형 있게 발달하지 않은 아동이나, 미성년자들의 스마트폰 중독 부작용은 심각하다. 삶의 우울증, 충동조절장애, 주의력 결핍 과잉 행동장애(ADHD), 틱 장애, 발달장애 등이 빈번하게 나타난다. 자연히 부모들의 이야기에 귀 기울이기보다 스마트폰에 빠져 가족 간의 대화가 단절되고, 교우관계도 어렵다. 성인들조차 사회적 관계 형성에 애로점을 호소하기도 한다.

그렇다고 당장 스마트폰에 중독된 사람들의 행태를 변화시킬 뚜렷한 방도는 없어 보인다. 사람들은 느리고 약한 자극에는 잘 반응을 하지 않게 되어 버렸다. 강렬하고, 자극적이고, 즉각적인 것에만 반응한다. 사고 과정이 이미 디지털 사고로 만들어져 인지 발달을 저해한다.

스몸비족은 대체로 다음과 같은 여러 증후군이 공통적으로 따라온다.

- **거북목 증후군=Turtle neck syndrome**
  - 거북의 목처럼 구부정한 자세를 일컫는 말.

- **디지털 치매=Digital Dementia**
  - 스마트 폰, 디지털 기기에 익숙하여 기억력, 계산능력 집중력의 감퇴를 의미함.

- **손목터널 증후군=Carpal tunnel syndrome**
  - 스마트폰이나 컴퓨터 키보드의 빈번한 사용으로 손목 신경이 압박받는 증상.

- **팝콘 브레인 현상=Popcorn Brain**
  - 인간의 뇌가 팝콘처럼 톡톡 튀어 무감각하거나 무기력해지는 현상.

- **노모 포비아 증후군=Nomo phobia**
  - 노 모바일 폰 포비아(No mobile-phone phobia)의 줄임말. 스마트폰이 없을 때 불안해하는 증상을 나타내는 신조어.

- **모니터 증후군, 수면장애, 청각장애, 안구 건조증, 시력장애 등등**

우리는 스몸비족의 심각성을 인식해야 한다. 아동기나 청소년 시기에 부작용이 나타나기 시작하면 성인이 될수록 증상은 더 심해지는 것이 일반적이다. 정상적인 성인으로서 사회생활을 가로막는 무서운 병임을 우리 사회가 인식하고 자정 노력을 함께 해 나가야 필요가 있다.

스마트폰에서 벗어나 신체적인 움직임을 활발히 하도록 하는 교육이 필요하다. 입시 교육의 스트레스를 스마트폰을 통해 해소하게 하면 안 된다. 아이들에게 물질적 풍요를 가져다주는 것만이 부모로서의 역할을 다하는 것이라는 의식에서 벗어나도록 부모들을 계도해야 한다. 사회와 부모, 학생들이 함께 노력하지 않으면 너무나 심각한 '스몸비족'이라는 신조어는 사라지지 않을 것이다.

청소년들의 게임중독을 막기 위해서 만들어진 셧다운 제도처럼 강력한 규제 수단은 아닐지라도 학교나 가정에서 과도한 스마트폰으로 사용을 차단하는 환경을 만들어줄 제도가 필요하다. 그리고 학교는 신체적으로 다양한 활동을 하며 움직여야 뇌가 활발하게 움직이고 창의력을 갖게 된다는 점을 인식하여 교육환경의 변화를 꾀하길 바란다.

3.
교육, 느림의 미학이 필요하다

대부분의 부모는 자식에게 무엇이든 해주고 싶어 한다. 그러면서 자신이 원하는 대로 성장하기를 원한다. 바라는 결과를 위해서라면 부모는 학생들 옆에서 언제나 조력자가 될 준비가 되어 있다. 그러나 우리 아이들은 부모가 바라는 대로 성장하지는 않는다.

도대체 왜, 무엇이 문제일까? 결론부터 말하면, 문제가 아니다. 부모들이 잘못으로 보고 있을 뿐이다. 부모들은 한번쯤 자식의 교육을 대하는 자신을 들여다보자. 조기교육이나 선행학습으로 아이들을 닦달하고 있지는 않은가? 남보다 조금 더 먼저, 조금 더 많이, 조금 더 앞서기를 바라며 속도 경쟁에 아이들을 내몰고 있지는 않는가?

느림의 미학, 과유불급이다

자녀들 교육에 있어 한 번쯤 돌아다볼 단어들이다. 위 두 단어를 선택할 용기가 과연 우리네 부모들에게는 있는지 묻고 싶다.

무엇이든 빨리빨리. 한국만큼 속도 경쟁을 조장하는 사회는 드물다. 무엇을 얻기 위해 이토록 빨리 달려가려 하는가? 얼마나 완전한 모습의 아이를 만들려고 숨 쉴 틈조차 주지 않고 교육현장에 내모는 것인가? 건강한 삶을 위함인가? 아니면 멋진 삶을 살기 위해, 사회적 성공을 위해? 그렇다면 그 결과는 어떠한지⋯. 속도 경쟁에서 이긴 당신은 얼마나 더 행복해졌다고 자부할 수 있을 것인가?

인간은 불완전한지라 어떠한 교육을 해도 아이의 부족한 점을 완벽히 채울 수는 없다. 더하기 바쁜 우리네 교육에서는 놓치는 것이 너무나 많다. 이제는 속도를 줄이고 한 발짝 물러나 다른 관점으로 바라보는 노력이 필요하다.

'교육의 과유불급'

과하면 넘치는 것보다 못하다는 것을 알아야 한다. 진정 교육에 있어서는 '느림의 미학'이 필요한 때이다. 입시 위주의 속도 위주의 수업이 더 이상 큰 힘을 발휘하지 못함을 알아야 할 때이다.

슬로우(slow)라는 단어는 '더디다'는 의미보다 '천천히 움직이는 것'이라는 뜻을 함축하고 있음을 강조하고 싶다. 언제부턴가 우리 사회에 회자되는 슬로우 푸드(Slow food), 슬로우 시티(Slow city)는 경쟁과 스피드에 지친 우리 사회 스스로의 성찰에서 나온 문화운동이다. 경쟁의 삶 속에서는 여유를 가질 기회가 없고 결코 행복하지 않음을 우리는 경험으로 이미 알고 있다.

21세기에는 천천히 움직이는 가운데 삶의 여유를 가지는 것이 가치있는 삶이란 것을 알아야 한다. 새로운 지식을 더 많이 습득하는 것도 중요하지만 어려운 상황에 놓였을 때 좌절하지 않고 꿋꿋하게 문제해결을 해 나가는 힘을 키울 수 있도록 우리 아이들을 교육해야 한다. 그래서 가끔은 천천히 가는 느림의 교육방식이 필요하다.

생각이 앞선 교육자들이 모여 느림의 교육을 시도하고 있지만 아직 미미한 수준이다. 부모들은 여전히 다른 학생처럼 학습하지 않으면 경쟁에 뒤처진다는 사교육 시장의 목소리에 더 솔깃하다.

방학 직전에 보면 사교육의 시장은 화려한 개강에 바쁘다. 방학을 이용하여 학기 중에 못했던 공부를 배로 진행하며 각종 특강, 해외 어학연수, 평소 배우지 못한 입시 과목을 커리큘럼에 넣어 아침 해가 뜨기 전부터 저녁 늦게까지 아이들을 붙잡고 있다. 개학을 앞두고서는 다음 학기에 공부할 과목별 선행학습을 하느라 바쁘다. 여기에서도 모자라 겨울방학이면 긴 방학 동안 아이들을 모을 기숙 학원까지 광고에 동참한다.

이렇게 온통 학업 스케줄에 따라 1년이라는 시간을 보내니 봄,

여름, 가을, 겨울, 계절의 변화와 맛을 느낄 틈이 없다. 아이들의 학창시절 기억엔 입시 교육의 추억만이 남는 것은 아닐지….

학습 스트레스에 시달려 헤매는 학생들을 언제까지 방치할 것인가? 연료를 보충하지 않고 달리는 자동차는 언젠가 멈추게 되어있다. 브레이크 없이 달리는 자동차같이 우리 아이들의 달림은 어디에서 멈출지 걱정이다. 말로는 창의력, 창의력 부르짖으면서 정작 우리가 하는 교육은 학생들을 피곤에 찌들게 하고 창의력을 줄이는 행위를 하고 있다.

한국 학생들의 학업성취도가 세계 최상위권이라는 것은 알 만한 사람은 다 안다. 그러나 아이들의 행복지수가 OECD 국가들 중 최하위권에 머물고 있다는 사실은 알고 있는지…. 모든 교육에서 속도만을 강조하니 당연한 결과다.

아이들은 성장 단계와 개인적 성향, 학습 능력이 다르기 때문에 시기와 개성을 고려한 학습을 하도록 하는 것은 너무나 당연하다. 이제는 입시 위주의 선행학습에서 벗어나 느림의 학습(Slow - education)으로 학교 교육이 바뀌길 간절히 바란다.

느림이 확보되는 교육 현장에서는 이해가 안 된 학생들이 스스로 해답을 찾을 시간을 기다려 줄 여유가 있다. 아이들에게 제시하는 과제도 단답형의 답을 요구하는 것은 의미가 없다. 아이들 스스로 협업을 하고 토론을 통해 의식의 확장을 꾀하는 것이 느린 교육의 핵심이다.

때론 자연과 함께할 수 있고 흥미롭고도 다양한 활동을 하는 가운데 창의력은 자연 높아질 것이다. 학교는 더 이상 상위 학부의 입학을 위해 존재하거나 졸업의 목적으로 존재해서는 안 된다. 학교는 더불어 살아가는 사회성을 익히고 즐거운 과업을 하면서 자신의 꿈과 포부를 키우는 곳이 되어야 한다.

물론 더 좋은 중학교, 고등학교, 대학을 가기 위한 입시 교육이 무조건 나쁘다는 것은 아니다. 문제는 이러한 질주만을 하다가 인생의 소중한 가치를 놓쳐버리는 일이 생길 수 있기에 가끔 속도를 늦추는 여유를 가져보라는 것이다. 빠르고 편한 고속도로 달리다 간혹 길을 잃거나 생소한 국도를 가다 보면 예전에 보지 못했던 멋진 풍광을 만날 수도 있는 것이다. 결코 길을 돌아간다는 것이 무의미한 낭비는 아니다. 아이들 교육도 마찬가지가 아닐까? 하루빨리 학생들이 입시 지옥에서 벗어나 인생을 설계할 수 있도록 느림의 교육이 실현되었으면 좋겠다.

4.
코딩 교육을 시작해야 하는 이유?

4차 산업혁명이 시작되면서 전 세계적으로 STEM[12] 교육의 중요
성이 커지고 있다. STEM 교육은 국가의 미래 경쟁력을 좌우하는
것인 만큼 모든 국가가 중요시하고 있다.

오바마 대통령

12 STEM은 과학(Science), 기술(Technology), 공학(Engineering) 및 수학(Mathematics)을 뜻한다.

전 세계는 IT정보 기술의 우위를 점하려 인재 육성에 총력을 기울이고 있다. 버락 오바마 전 미국 대통령은 나라를 강대국으로 발전시키기 위한 교육의 중요성을 강조한 바 있다. 앞으로의 시대는 석유나, 금, 화폐 등의 물리적인 자원 경쟁의 시대가 아니다. 바야흐로 정보 전쟁의 시대가 된 것이다.

- 석유: 매장량에 한계가 있어 석유전쟁은 이제 막을 내리고 있다.
- 금, 은: 예전에는 금과 은을 제일 많이 보유하고 있는 나라들이 강대국으로 군림하였다.
- 화폐: 디지털 시대의 변화는 환율의 변화를 주어 화폐 가치의 하락을 동반했다. 화폐의 가치가 하락하자 이제는 돈과 동전이 아닌 전자코인을 사는 경우가 있다. 디지털 시대 IT교육의 핵심은 코딩 교육이다. IT 기술의 우위에 따라 국가의 삶의 질이 결정되는 시대이기 때문이다.

세계 초강대국인 미국조차도 긴장의 끈을 늦추지 않고 소프트웨어의 교육을 열심히 하고 있다. 미국은 지난 2013년부터 유치원에서도 코딩을 배울 수 있도록 커리큘럼을 진행해 오고 있다. 미국 교육기관들은 학생들이 인종 차별 없이 교육을 받아야 앞으로 IT의 기술로 강대국을 만들어 낼 수 있다고 역설하고 있다.

최근 우리나라도 변화의 흐름에 발맞추기 위해 노력하고 있지만 아직은 현 교육 제도에 문제점이 많다. 미국은 소프트웨어 교육을 위해 기금을 활용한다. 이것으로 여학생, 소수계층, 유치원생, 고교생 모두가 코딩 교육을 배울 수 있도록 지원한다.

모든 계층에서 소프트웨어 교육이 이루어지면 강대국으로 발전뿐만 아니라 사람들이 각기 다른 다양한 직업, 직종에 종사하도록 변화를 이끌어낼 수 있다는 정책이다.

외국의 코딩 교육

1. 미국의 코딩 교육

미국의 코딩 교육의 핵심은 단순히 소프트웨어를 만들고 사용하는 것에서 그치는 것이 아니라 학생들의 사고력과 창의력을 길러주는 것에 집중하고 있다는 것이다. 여기에 기업들도 동참하고 있다. 이제는 하나의 기술이 우수하다고 해서 영원한 성장을 기대할 수가 없다는 것을 그들은 알고 있다. 거대 기업을 만들어 내기 위해 기업과 학교가 연계하여 IT 기술 교육을 실행하고 더 양질의 콘텐츠 개발을 서두르고 있다. 흥미로운 것은 기업이 IT 기술로 만들어진 생산적인 제품을 판매하는 데 목적을 두는 것이 아니라 미래의 인재를 양성하고 확보하는 데 목적을 두고 있다는 것이다.

2014년부터 코딩 교육의 변화를 위해 콘텐츠 확보, 각종 캠페인을 통해 학생들 코딩에 흥미를 일으킬 수 있도록 유도해 왔다. 2015년부터는 소프트웨어 코딩 교육을 선택 과정에서 정규 교과 필수과목으로 편성하여 학생들에게 코딩 교육을 통한 창의적 사고를 할 것을 강조하고 있다.

뉴욕시청은 2015년 9월부터 세계 글로벌 IT기업과 연계하여 손 잡고 학생들에게 다양한 컴퓨터 코딩 교육을 실시하고 있으며 방과 후 프로그램을 통해 9~14세 학생들은 교과외 과정으로 게임과 애니메이션 등의 코딩수업을 배우고 있다.

빌게이츠 같은 기업가들은 모든 시민들이 쉽게 소프트웨어를 배울 수 있는 길을 열어 주기 위해 막대한 자금을 들여 학교, 공공기관, 기타 교육기관을 돕고 있다. 이런 각계의 노력으로 미국은 질 높은 코딩 교육의 선두를 달리고 있다.

2. 영국의 코딩 교육

영국은 코딩 교육에 250시간을 할애한다. 영국 6학년 학생의 코딩 교육 과정을 들여다보면 이들은 1년 동안 체계적으로 모바일 앱을 만든다. 어린이들이 자신의 노트북 컴퓨터로 스크래치 (Scratch) 프로그램을 이용한 코딩 교육 수업을 진행하며, 각 코딩교실에는 15~20명 정도의 학생들이 참여한다. 또한 도서관을 비롯한 부가교육기관, 사회단체 등 다양한 곳에서 코딩 교육이 이루어지고 있다.

3. 핀란드의 코디콜루

유럽의 IT 강국인 핀란드에서는 코딩학교인 코디콜루(koodikerho)를 운용한다. 초등학교 정규 과목으로 코딩 교육을 실행하고 있으며 코디콜루는 4~8세 아동에게 무료 코딩 교육을 제공한다. 2015년 10월 이후 핀란드는 방과 후 교실, 학교도서관, 공공도서관에서는 다양한 형태의 코딩학교와 코딩클럽을 운영 중이다.

4. 중국의 코딩 교육

강대국이면서도 IT로 성공을 이루는 사람들이 많이 있는 만큼 최근 중국에서도 학부모들 사이에 코딩 교육 열풍이 불고 있다. 과학, 기술, 공학, 예술, 수학교육에 정점을 둔 STEAM 교육은 물론 지식 중심교육 대신, 실생활에 밀접한 IT 코딩 융합 교육을 하고 있다. 중국의 학부모들은 영어처럼 코딩도 어려서부터 배워야 한다는 생각을 가지고 있어 어릴 때부터 코딩 학원을 다니는 학생들이 점점 더 늘어나고 있다.

그 외에도 일본에서는 소프트웨어 교육이 고등학교 필수과목으로 지정되어 있다. 에스토니아는 초등학교 1학년부터 프로그래밍을 배울 수 있도록 교과 과정에 코딩을 포함하고 있다. IT 기술이 발전하면서 많은 정보가 양산되고 있지만 정확하고 유용한 정보인지 판단하기 어려운 경우가 있다. 코딩 교육이 필요한 이유가 바로 여기에 있다. 양질의 정보 분석가가 되기 위해서는 최소한 코딩의 세계를 이해해야 하기 때문이다.

코딩을 통해 인재를 키우는 것은 국가의 발전과 직결된다. 사람들은 IT와 소프트웨어가 발달하면 기존의 많은 직업들이 사라질 것이라고 두려워하면서 변화하기 싫어한다. 과연 이들의 생각이 맞을까? 예를 들어 무인 시스템, 은행 입출금기, 홈뱅킹 등 우리는 이미 일상에서 IT 기술의 혜택을 입고 있다. 직업이 사라지는 게 두려워 이런 편리도 외면할 것인가?

불필요한 시간을 아끼고 업무를 위한 에너지를 줄일 수 있다면 그 유휴 시간과 에너지를 다른 가치 있는 부분에 더 쏟을 수 있다는 생각을 하면 어떨까? 또 한편으로 기존의 직업들이 사라지는 대신 IT 소프트웨어의 발전으로 더 많은 신종 직업들이 생겨날 수도 있으니 더 좋은 일이 벌어질 수도 있겠다.

5.
다양한 컴퓨터 언어를 습득하라

영어, 불어, 스페인어, 일어… 세계 각국에는 다양한 언어들이 있고, 언어를 배우는 사람들의 목적은 저마다 다르다. 실제로는 우리가 익히 들어보지 못한 언어들도 상당수 존재한다.

코딩의 세계도 마찬가지다. 컴퓨터 프로그래밍언어도 세계의 언어만큼이나 다양하다. 지금도 다양한 컴퓨터 언어들이 만들어지고 있다고 봐도 과언이 아니다.

그런데 우리는 왜 컴퓨터 프로그래밍언어를 배워야 할까? 왜냐하면 컴퓨터의 가동 원리의 핵심이 컴퓨터 실행 언어이기 때문이다. 언어를 모르면 통역이 필요하지만 컴퓨터 언어를 알지 못하면 통역을 해 줄 수가 없다. 1~3차 산업혁명을 넘어 도래한 4차 산업혁명은 현재와 과거의 끊임없는 변화를 요구하고 있다. 4차 산업혁명 시대는 더 다양한 교육, 사회, 직업 환경 등에서 유연한 사고가 필요하다. 그리고 그 중심에 IT가 자리 잡고 있음을 우리는 알아야 한다.

IT에 대한 기본적인 지식이 없는 학생이나, 처음으로 컴퓨터 언어를 접하는 성인들은 컴퓨터 프로그래밍언어가 다소 낯설게 느껴질 것이다. 그러나 코딩(프로그래밍 언어)은 현재 교과과목처럼 지식과 습득에 완벽하지 않아도 누구나 다양하게 학습하고, 또 흥미를 가질 수 있다.

프로그래밍 언어는 말 그대로 컴퓨터 프로그램을 만들기 위해서 사용하는 일종의 기호, 체계를 말한다. 이러한 프로그래밍언어는 가장 중요하면서도 기본적인 특징이 있다. 컴퓨터는 이진수 0과 1만을 이해한다는 것이다. 기계어 코드처럼 인간과 컴퓨터를 연결해 주는 중간 다리 역할을 해주는 것이 바로 코딩 프로그래밍언어라고 이해하면 된다.

아이들 교육에서 커뮤니케이션을 잘하게 하기 위해서는 언어활동의 4단계인 듣고, 말하고, 읽고, 쓰기를 충실히 경험하도록 해야 한다. 컴퓨터 언어도 마찬가지로 기본 사항을 충실히 이해하고 기본적인 것부터 실제 작성하는 경험을 하도록 해야 한다.

수학, 영어의 공식, 문법, 다양한 단어처럼 컴퓨터 코딩 언어도 다양한 종류가 있다. 크게 나누면 저급언어와, 고급언어로 구분

지을 수 있다.

① 저급언어
— 컴퓨터가 이해할 수 있는 기계 중심의 언어로 호환이 어렵다.
— 종류: 기계어, 어셈블리어

② 고급언어
— 사람이 중심이 되는 언어, 프로그래밍 언어로 작성하기 쉽고 이해하기 쉽다.
— 종류: FORTRAN, COBOL, ALGOL, PASCAL, C 등…

초, 중, 고 학생들이나 컴퓨터 언어를 배우고 있는 성인들도 현재 사용하고 있는 코딩 언어는 대부분 고급언어다.

IT 전문 기술에 접근하기 위한 주요 컴퓨터 프로그래밍 언어에 대해 간단하게 알아보자.

· C 언어
① 프로그래밍 언어의 기초를 배우는 가장 기본이 되는 언어.
② 현재 많이 사용하는 언어는 C++, C에서 객체 지향형 언어로 발전된 것.
③ 순서대로 가는 절차-순서 지향적 언어.
④ 현재, 다양한 언어와 함께 널리 사용되고 있음.

⑤ 구조화가 복잡하고 익히는 데 시간이 오래 걸림.

· **자바(JAVA) 언어**

① 플랫폼 독립성을 가진 언어.

② 객체 지향적인 프로그래밍 언어.

③ 웹, 어플리케이션 언어로 가장 많이 사용.

④ 멀티 스레드-기존의 프로그램은 한 번에 한 가지밖에 처리 못 하지만, JAVA는 하나의 프로그램 안에서 동시 실행을 할 수 있기 때문에 효율성이 높음.

⑤ 프로그램 개발에 많이 사용됨.

· **C+, C++ 언어**

① C++ 언어는 C언어에 OOP의 개념을 가지며, 객체지향 언어.

② C++의 장점은 구조화된 프로그램을 만들 수 있다는 점.

③ 확장된 언어로 모바일, 웹 등에서 가장 많이 사용.

· **파이선 언어**

① 인터프리터 방식의 스크립트 언어.

② 파이선 언어는 프로그래밍 초보자에게 가르치기 위해 교육용으로 설계된 언어.

③ 초보자도 사용가능한 언어이고, 전문가들까지 다양한 층이 쉽게 배우는 언어.

- **포트란(FORTRAN) - 'Formula Translation' 줄임말**

① 프로그래밍 처리 과정을 단축하고 쉽게 작성할 수 있게 만든 컴퓨터 언어.

② 1950년대 이후 '최상의 고급 프로그래밍' 언어.

③ 1970년대 초부터 1980년대 말까지 활발히 사용.

④ 4세대, 5세대 컴퓨터언어가 출현해 포트란 언어를 대체함.

⑤ 과학 기술 분야, 금융계산용, 통계처리에 주로 사용됨.

- **코볼(COBOL)**

① 비교적 오래된 프로그래밍 언어 중 하나.

② 코볼 프로그램을 응용하여 다른 시스템에 연결하기 쉬움.

③ 객체 지향성을 가지고 있음.

④ 사무처리용, 회계 처리 언어로 개발.

⑤ 영어 문장과 비슷, 작성하기 쉽고, 이해하기 쉬운 언어.

- **베이직(BASIC)**

① 윈도우 운영체제, 동작으로 만들어진 프로그램.

② 오피스, 한글 등 윈도우 환경에 실행되는 프로그램을 제작하는 언어.

- **파스칼(PASCAL)**

① 프랑스 수학자 파스칼의 이름을 사용.

② 구조적 프로그램의 개념과 원리를 쉽게 익힐 수 있다.

하나의 프로그래밍 언어를 배우면 쉽게 다른 언어를 배우기가 쉽다.

우리가 특정 국가의 언어를 배우면 그 나라의 문화와 방식을 잘 알 수 있듯이 프로그래밍 언어를 익히고 배우는 과정에서 디지털 문화에 쉽게 다가갈 수 있게 된다.

아이들이 다양한 프로그래밍언어를 배우게 되면 멀티태스킹 역량을 높여준다. 이것은 기존의 대학입시, 사회에서 통용되는 기술적 성공을 넘어 미래 사회에 더 큰 경쟁력 가지는 차원으로 이해해야 한다. 왜냐하면 4차 산업혁명과 디지털 정보화 시대에는 변화에 맞추어 가는 삶의 방식이 아니라 자신이 원하고 때로는 디지털 문화 속에서 변화를 통제해야 하기 때문이다.

그래서 컴퓨터 관련 언어를 배웠다고 꼭 IT 분야로의 진출만 생각할 필요는 없다. 오히려 예술, 문화, 교육 등 통합적인 분야에서 개인의 능력을 더욱 발휘해 나갈 수 있을 것이다. 학생들의 코딩 교육도 이러한 관점에서 단편적인 기술연마보다는 사고를 넓혀주는 데 초점을 맞춰야 할 것이다.

만약 특정 학생들이 IT 정보통신 분야에 관심을 갖고 있다면 프로그래밍 언어의 전문적인 교육기관을 통하거나 교육 상담을 받는 것도 권장할 만하다. 그리고 관련 정보도 웹 검색에만 의지하기보다는 현장 직업 전문가의 조언도 들어볼 필요가 있다.

이상에서 살펴본 코딩 언어는 모든 기술 분야에 융합하여 사용할 수 있다. 우리 아이들이 쉽게 접하는 소셜 네트워크 서비스 SNS 정보만으로는 정보가 지엽적이고 국한되어 학생들이 제대로 된 학습 방향이나 직업을 찾아가는 데 어려움이 있다. 어플이나, 웹상 및 SNS 등의 넘쳐나는 부문별한 정보 속에서 우리는 진정한 옥석을 가릴 줄 알아야 한다.

진보한 IT 기술이 만들어가는 21세기 디지털 시대! 상상할 수 없는 다양한 직업 환경의 변화에 대응하고 시대를 앞서나가기 위해 코딩, 즉 컴퓨터 언어를 습득해 나가야겠다.

6.
화려한 코딩 학원, 눈을 크게 뜨자

현재 뜨겁게 경쟁하고 있는 일선 코딩 학원의 광고 열풍을 보면 떠오르는 속담이 있다. '소문난 잔칫집에 먹을 게 없다.'

몇몇 코딩 학원은 아이들이 코딩을 배우지 않으면 큰 문제가 있는 것처럼 과대 과장 광고를 한다. 이것은 분명 아니다. 그리고 시중에 서적들을 보면 '따로 국밥'처럼 너도 나도 코딩이라는 단어를 붙여 학생들을 혼란스럽게 한다.

미국의 빌게이츠가 "오바마 대통령이 코딩 교육의 중요성을 역설했다."고 언급하며 스스로도 "미래를 이끌기 위해 코딩 교육이 중요하다."라고 하니 국내 여기저기에 코딩 배우기 바람이 분다.

그러나 정작 무엇이 중요하고 어떻게 해야 할지는 모른 채 코딩이라는 뭔가 있어 뵈는 것 같은 용어에 취한 모습들이다. 또 2018

년에는 일선 학교에서 의무교육을 한다고 하니 벌써부터 사교육 시장이 먼저 후끈 달아오르는 분위기다.

앞장에서 말한 대로 '4차 산업 시대'를 위한 인재 육성에 코딩 교육이 중심에 선다는 것은 무시할 수 없는 현실이나 그 취지를 정확히 이해할 필요가 있다. 그것은 통합적 사고를 지닌 융합인재를 육성하는 것에 목적이 있다. 그 과정에서 IT 기술의 전문성은 당연한 과정이다.

앞으로 대학입시에 S/W 특기자 전형도 도입될 전망이다. 다양한 S/W의 활동과 대회 경력, 컨텐츠 개발 경력이 빼놓을 없는 점수 평가 요소가 될 수 있다. 이러한 점에서 학교 코딩 교육의 교육열을 더 높이는 것이며, 민간 교육 기관은 말할 것도 없다.

그러나 재차 강조하지만 코딩 교육의 핵심은 문제를 해결하기 위한 절차와 과정을 배우는 사고력(Compution Thinking) 배양에 있다. 기존 교육처럼 선행학습이나 단순한 정답을 찾는 주입식의 수업은 효과가 없다. 문제를 던져주고 창의적 접근으로 문제를 해결할 수 있도록 사고 훈련을 키워 주어야 한다.

두가지 코딩 교육 방법

언플러그드 방법
= unplugged
보드게임, 기계, 컴퓨터
전자적 장비 없이 게임,
프로그래밍 학습.

피지컬 컴퓨팅 방법
= physical computing
과학상자, 아두이노, 로봇, 블
록, 전자 회로, 다양한 사물을
이용하여 프로그래밍 학습.

언플러그드 방법

— 컴퓨터 없이 코딩 학습이 이루어짐.

— 비용 절감, 접근성 큰 장점.

피지컬 컴퓨팅 방법

— 생활 주변에서 스마트폰을 움직이며 신호를 주어 진동을 울리
는 원리.

— 흥미가 있어 교육에 많이 사용, 직간접적 방법이 모두 다 사용
된다.

코딩 교육은 학생들 개인의 성향과 취향에 따라 다양한 패턴의
교육 방식을 택해야 한다. 학교 코딩 교육은 언플러그드, 피지컬
컴퓨팅보다 일괄적인 교육으로 이루어지는 경우가 많이 있다. 그
렇기 때문에 사교육 코딩 교육이 더 성황을 이루는 것이다. 과도한
상술만 아니라면 사교육이 공교육 환경의 코딩 교육보다 더 다양

한 교육 방식을 채택하는 면에서는 긍정적으로 바라볼 수도 있다.

　학교 코딩 교육의 의무화를 앞두고 가장 큰 문제는 전문화된 교사 양성이다. 공교육에서 전문성을 가진 인재를 만들어 내어야 하는 데 소프트웨어 교육 환경의 변화를 발 빠르게 따라갈 전문성을 가진 학교 교사는 여전히 찾기 힘들다.

　교사 배출 방식에서도 많은 문제점이 드러나고 있다. 단시일에 지도교사를 양성하려다 보니 일부 민간 교육장이나 코딩 양성학원은 비전공자도 '몇 시간만 교육을 받으면 된다.'는 식으로 홍보하고 있다. 심지어는 단기 과정만 마치면 민간 코딩 소프트웨어 자격증을 주고 있는 게 현실이다.

　코딩 교육의 제도와 취지는 분명 긍정적으로 볼 수 있다. 그러나 이것이 사교육을 부채질하여 시장의 새로운 먹거리를 창출한다는 점에서는 생각해 볼 여지가 있다. 현재 경력이 단절된 여성이나, 취업준비생, 직장인들에게 코딩은 매력적이다. 민간 자격증은 소프트웨어 교육의 자격을 얻은 학원이나 민간 교육기관에서 발급하는 것이 대부분이다.

　그렇다면 학교 코딩 교육은 어떻게 이끌어 나갈 것인가? 실제 교육은 소프트웨어 전문 외부 강사나 소프트웨어의 교육이 가능한 학교 교사가 담당할 것이며 여러 지원은 국가가 체계적으로 해 나가야 할 것이다. 그러나 민간에서 자격증을 남발하거나 단 몇 시간 교육받은 사람이 학생들의 미래 학습을 맡기는 경우가 없는지 면밀히 관리할 필요가 있다.

　국가나 공교육 기관은 S/W 교육의 의미를 재점검하고 이러한 소프트웨어 교육의 의미를 찾아 나가길 바란다. 앞으로 코딩 교육의 우선권이 학교 교육보다 민간 교육으로 넘어가기 전에 학부모들이 먼저 코딩 교육에 눈을 크게 뜨길 바란다. 벌써부터 일부 코딩 학원은 화려한 커리큘럼을 자랑하며 고액 재료를 사용한다는 미명하에 교육비보다 재료비를 몇 배로 더 올려 받는 곳도 생길 정도이다. 그야말로 배보다 배꼽이 더 큰 일이 벌어지고 있는 것이다.

　코딩 교육의 취지를 살리기 위해 정부기관과 기타 민간교육기관의 협력이 필요하다. 그래서 다양한 S/W 교육 프로그램을 개발하고 설명회나 다양한 체험 행사를 마련할 필요가 있다. 또 학교에만 의지할 것이 아니라 가정에서도 연계 교육이 이루어져야 한다. 하지만 현실은 그리 녹록지 않다. 코딩 교육의 설명회는 많지만 직장인이나 맞벌이 부부가 설명회에 참석할 시간적 여유가 없다. 가정으로 교육을 연계하기 쉽지 않은 이유다.

　2018년부터 학교의 의무 교육화를 앞둔 지금, 지도 인력 및 컴퓨터 사양 업그레이드 등 소프트웨어 교육환경의 구축이 시급하다. 그리고 대도시와 농어촌 지역의 교육 격차를 줄이기 위한 평준화

커리큘럼도 구축해야 한다.

　무엇보다도 학생들의 코딩 교육의 목적이 성인들이나 전문가들처럼 전문적이고 기술적인 것을 배우는 데 있는 것이 아니라 컴퓨터를 활용, 주어진 과제를 해결하기 위한 유연하고도 논리적인 사고력을 기르는 데 있음을 명심해야 할 것이다.

7.
코딩(coding), 문제 중심 학습을 원한다

한국은 성공지향이 강한 사회다. 많은 사람들이 성공에 대한 열망이 크다 보니 끊임없이 성공을 위해 시간을 투자하고 노력을 한다. 우리가 살아온 삶의 기본 방식은 일정하게 정해진 가치체계에서 남보다 앞서기 위한 속도 경쟁의 형태였다. 그렇다면 자라나는 우리 아이들이 살아갈 미래는 어떠할 것인가?

앞으로는 가치체계가 다양한 사회가 될 것이다. 그러한 사회에서는 경쟁보다는 남과 다른 자신만의 방식을 선택하는 것이 더욱 중요한 가치가 될 것이다. 선택은 올바른 판단을 해야 한다는 전제가 깔린다. 그리고 올바른 판단을 위해서는 유연하면서도 다각적인 사고가 필요하다. 유연한 사고를 하기 위해서는 직간접적 경험을 많이 해야 한다.

결국 타인이 만들어 놓은 가치 체계에 순종하는 삶이 아니라 스스로 결정하는 삶이 행복한 미래를 가져올 확률이 높다고 하겠다. 이것은 학생들이 반드시 인식해야 할 내용이다. 단순히 수학 문제 하나를 더 푸는 게 아닌 인생이란 문제를 풀어나가는 지혜에 해당하는 것이다.

그래서 우리도 문제중심학습인 P.B.L(Problem-based learning) 교육법을 도입할 필요가 있다. P.B.L은 특정한 문제를 해결하거나 주어진 주제에 해당하는 목표를 달성하기 위해 학습능력을 기르는 것을 말한다. 코딩 교육의 방향도 이러한 문제중심 학습과 같은 맥락에서 전개되어야 할 것이다.

이제 보상과 처벌이라는 외적 동기를 부여하는 것만으로는 아이들의 자발성과 창의성을 이끌어낼 수 없다. 흥미를 통한 내적 동기를 끌어올려 자율성을 확보해야 한다. 즉 문제중심 학습이 코딩 교육은 물론 모든 교육과정에서 추구되어야 한다는 것이다.

학생들의 성향과 각자가 가진 역량은 다르다. 문제중심 학습(P.B.L)에 있어서 코딩 교육이 추구하는 목적은 창의성(Creativity and Problem Solving), 의사소통능력(Communication), 협력(Collaboration), 인성(character) 등이다.

우리는 일상에서 늘 문제를 만나고 그것의 해결을 위한 선택의 기로에 서게 된다. 밥을 먹을 때나 등교할 때, 어떤 옷을 입고 외출할지 등 사소한 것에서부터 어느 대학을 가고, 무엇을 전공하고, 어떤 직업을 가질지 등 좀 더 중요한 일에 이르기까지 우리는 늘 선택을 해야 한다.

P.B.L 교육은 바로 이런 문제 해결에 도움을 준다.

이것은 수학의 연산이나 영어 단어 암기처럼 단순 반복으로 익히는 작업이 아니며, 사고의 다양성과 창의성을 키우는 미래 지향적인 교육인 것이다.

그렇다면 P.B.L 교육은 학교, 교사에게 어떤 의미를 전달해 주는 걸까?

21세기의 엄청난 4차 산업화의 변화에도 꿈쩍하지 않는 곳이 아마도 교육 현장이 아닌가 한다. 딱딱한 책상, 정형화된 교실의 분위기, 획일적이고 재미없는 입시 교과목 등 어디에도 학습에 대한 열정을 불러오는 모습은 찾기 어렵다.

그러나 우리는 변해야 한다. 시대의 가파른 변화 속에 자신의 온전한 삶을 위해 그 누구도 아닌 스스로에게 물어볼 필요가 있다. 학생들은 이제 입시 경쟁을 위한 교육의 희생양에서 벗어나야 한다. 스스로 교육의, 학습의 주체자가 되어야 한다. 어떻게 하는 것이 더 행복한 삶인지 자기 내면과 대화해야 한다.

이들을 돕기 위한 교육은 전문화된 하나의 기능에 충실한 것보다는 코딩 교육처럼 융합, 통합을 기반으로 한 것이어야 한다. 21

세기의 수많은 문제는 하나의 학문체계로는 해결해 나갈 수 없다. 그런 새로운 패러다임의 중심에 있는 것이 문제 중심학습(Problem-Based Learning), 즉 P.B.L이다. 앞장에서 말한 인공지능(AI), 모바일(Mobile) 클라우드 컴퓨팅(Cloud Computing), 빅 데이터(Big Data)는 모두 이와 맥락을 같이 하는 것들이다.

계속 강조하지만 코딩 교육은 내신과 입시 위주의 다른 교과목처럼 암기로 해결하는 단답형을 요구하지 않는다. 만일 코딩 교육도 기존의 교과목처럼 주입식으로 전달하는 방식을 택한다면 어쩌면 수학이나 영어처럼 혐오하는 과목으로 전락할 수 있다. 그러면 학생들의 코딩 교육은 실패로 돌아간다.

앞으로 코딩 S/W 교육이 변화를 주도하는 학습 과정이 되게 하기 위해서는 P.B.L 교육법과 같은 다음의 사항을 명심해야 한다.

1. 코딩 S/W 교육은 모든 문제 상황에서 학생이 문제해결의 주체가 되어야 하며 학생들은 스스로 적극적 자세로 임해야 한다.
2. S/W와 H/W는 학생들에게 교육의 환경과 질을 제공하는 좋은 도구이다.
3. 전담 교사, 학부모 등은 도움을 주는 조언자일 뿐이다.
4. 학생 각자의 성향에 맞춰 S/W의 교육이 이뤄져야 하며 사용 방법에 익숙해질 때까지 시간을 기다려주어야 한다.

5. 코딩 교육의 핵심은 어떠한 과제의 결과물보다 S/W 교육 전체 관점에서 평가를 해야 한다.

- P.B.L 교육이 흥미와 높은 참여율을 가져오는 원리
1. 과제 프로젝트 시작.
2. 정보 탐색.
3. 프로젝트 전개 및 교사의 다양한 피드백.
4. 수행한 과제물 발표.
= 이러한 방법은 학생들에게 코딩 교육 분야뿐만 아니라 다양한 분야의 교육에서도 큰 효과를 가져 올 수 있을 것이다.

- 또한 각자의 내재적 동기를 찾아내기 위해서는
1. 문제 상황 파악.
2. 문제 원인 확인.
3. 정보 수집.
4. 해결 대안 제시 - 흥미나 경험을 토대로 찾아보기
= P.B.L의 문제해결학습은 교육뿐 아니라 일상생활에서 부딪히는 문제를 해결하는 다양한 상황에서도 적용될 수 있다.

앞으로 학교에서 S/W 교육과 입시 교육을 성공적으로 이루어 내기 위해서는 먼저 학습자의 지적 호기심과 흥미를 이끌어 주어야 할 것이다. 그런 면에서 P.B.L에 기반한 코딩 교육은 학생들로 하여금 S/W 교육의 참여율을 높여줄 것이다. 또한 교육적 흥미를

가지게 되어 학습한 내용도 오래 기억할 것이다. 그렇게 가다 보면 어느 순간 코딩 교육이 학생들이 제일 좋아하는 과목이 되어있지 않을까 생각해 본다.

지금까지 살펴본 P.B.L 학습은 교육에서 공부하는 학생들에게 많은 의미를 준다. 수학 문제 하나 더 푸는 것이 아닌 자신의 인생을 상대로 문제를 풀어나가야 하는 더 큰 차원의 것이다. 이것은 일상의 문제를 해결해 나가는데 효과적으로 활용될 것은 물론 미래에 닥칠 사회 문제에도 잘 대응하도록 하는 방법이다.

제 **4** 장
코딩 교육의 길을 만들어 주자

1.
'코딩 과목' or '코딩 교육'

미국, 영국 등 세계 여러 나라에서는 코딩 S/W 교육을 정규수업 과정으로 진행하고 있다. 우리나라도 2018년도부터 학교 의무화 교육의 일환인 필수 과목으로 선정되어 초, 중, 고에서 단계별로 진행할 예정이다.

그러나 여기서 우리는 코딩을 논하기에 앞서 '교육이란 무엇인가?' 에 대해서 다시 한 번 생각해 볼 필요가 있다. 모든 교육이 잘못되었기 때문이 아니다. 우리가 행하는 가정교육, 학교교육, 사회교육 등 모든 교육이 미래 지향적이어야 하기 때문이다.

학교 코딩 교육이 기존의 입시 교육의 형태로 진행되면 많은 문제점이 생긴다. 코딩 교육은 코딩 S/W와 특정 지식의 습득을 위하기보다는 단계별 흥미와 재미요소에 입각하여 이루어져야 한다. 그리고 코딩 과목이 아닌 것과도 연계가 되어야 한다. 코딩 S/W

을 익히게 하는 과정에서도 어떤 교육방식과 전달 절차를 활용할지 생각해 보아야 한다.

코딩 과목과 코딩 교육의 차이점은 무엇이지 분명히 맥락을 짚어 보아야 한다.

교육의 의미와 내용을 논하자면 교육 전문가들의 이론적인 방법이 많이 있겠지만, 교육의 원래 목적이 무엇인가에 따른 이론적 배경과 함께 학생들에게 어떻게 적용할지 생각해야 한다는 것이다.

이미 코딩 교육을 실시하고 있는 다른 나라도 '코딩 과목'이 아닌 '코딩 교육'의 중요성을 강조한다. 다른 나라들 역시 코딩 과목이 필수 및 선택과목으로 채택된 지 오래 되지 않았다. 그들이 시행하고 있는 코딩 교육은 우리의 학교 코딩 S/W 교육과 차이가 있는 것 같다.

해외에서는 코딩 S/W 교육의 전문성을 높이기 위해 교사부터 교육을 진행한다. 그러고 나서 그에 맞는 다양한 교육방식을 만들어 제공한다. 하지만 우리의 코딩 S/W 교육은 전문 교사 양성교육보다 먼저 교육 방식을 제공하는 성격이 짙다. 전문성은 교사 스스로 키우도록 바라는 것이다. 이럴 경우 학생들이나 교사에게 맞는 콘텐츠와 교육 방식을 찾기 힘들 수 있다.

학교에서 코딩 S/W를 정규과목을 편성하는 것은 S/W 과목이 아닌 S/W 교육의 연계성에 의한 것이다. 이에 반해 사교육 시장은 코딩 과목 자체에 더 집중해 더 전문성을 만들어 가는 쪽을 택하고 있다. 코딩 교육에서 소프트웨어가 하나의 코딩 과목으로 채택된다면 사교육과 다른 공교육의 취지를 잘 살려 나가야 할 것이다.

만약 아이들을 일찌감치 S/W 전문가로 키우기 위해 컴퓨터 언어를 배우고 전공하게 하는 것은 다양한 미래의 상황에 대한 선택의 폭을 좁게 만드는 것이 된다. 그렇기 때문에 학교의 코딩 교육은 일반인들의 전문 S/W 교육과 다른 차원으로 바라보아야 한다.

학생들이 코딩 S/W 교육에서 배우게 될 컴퓨터의 언어는 대부분 영어로 되어 있다. 왜 코딩 교육이 초등학교에서부터 시작되는지 한번쯤 생각해 보아야 한다. 초등학교에서는 3학년 이상이면 정식 영어 교육이 이루어진다. 그렇기 때문에 영어 교육은 코딩 S/W와 깊은 관련성을 가지고 있다. 만약, 특히 어린이집이나 유치원 등에서 유아들을 대상으로 코딩 S/W 교육이 의무화된다고 하면 어린 나이에 모국어와 영어에 흥미가 아닌 학습적 접근을 하기 때문에 큰 문제점이 발생할 수 있다.

현재 코딩 S/W와 관련하여 다양한 콘텐츠 교육이 이뤄지고 있다. 어떻게 하면 흥미와 교육적 목적을 함께 얻을 수 있을지에 대해 고민들이 생겨나고 있는 것이다. 사교육의 시장은 여전히 코딩

내 아이를 위한 창의적인 코딩 육아

과목의 기능적인 면에 집중하고 있지만 일선 학교나 사설 교육기관에서는 '코딩 교육'을 강조하는 분위기다.

현재 학교의 코딩 S/W 교육을 담당하는 교사의 상당수는 여성이다. 성별에 국한하기는 좀 그렇지만 현실적으로 이들은 공학적 프로그래밍 관련 교육에 많은 어려움을 안고 있다.

양질의 코딩 S/W 교육이 이뤄지기 위해서는 범국가적 차원의 지원이 필요하다. 정부는 전문 교사의 발굴에 앞장서고 지방단체는 교사 육성, 학교는 코딩 S/W의 실질적인 코딩 방법을 전수하는 역할 분담을 잘해야 할 것이다.

21세기에는 생산적인 업무 처리보다 4차 산업의 발전으로 프로그래밍 기술 전문가가 각광받을 것이다. 왜냐하면 이들의 창의적 사고는 우리 생활을 더욱 더 윤택하고 편리하게 만들어줄 것이기 때문이다. 그렇기에 앞으로는 누구나 코딩 교육을 쉽게 받을 수 있는 환경을 조성해 주어야 한다.

벌써부터 그러한 환경의 변화가 감지되고 있다. 웹, 무료 인터넷, 국비 무료 강좌 등 지역별 코딩 전문가 양성 세미나 등이 많이 이루어지고 있다. IT 기술의 변화로 스마트폰이나, 태블릿PC, 컴퓨터 등이 우리 삶에 깊숙이 자리하고 있는 만큼 시간이 갈수록 코딩 프로그램은 더욱 더 각광을 받을 것으로 보인다.

정도와 깊이의 차이는 있지만 유아뿐만 아니라 초, 중, 고, 대학생 할 것 없이 디지털 세상에 익숙해져 있다. 일명 디지털 네이티브[13]다. 이들은 매일 손 안의 휴대폰을 이용하여 정보 검색, 쇼핑, 스케줄 관리 등을 처리한다. 장소와 시간에 구애받지 않는 스마트 워커의 전형을 보여주고 있다고 해도 과언이 아니다.

아날로그 세대의 지식과 사고의 범위보다 디지털 세대인 우리 아이들이 더 넓고 깊을 수 있다. 어릴 때부터 친구처럼 함께 생활해 온 컴퓨터와 관련한 직, 간접적인 능력은 기성세대가 도저히 따라갈 수 없는 수준에 있다. 이들은 상상하기도 어려운 디지털 혁명을 이뤄 낼 미래의 자산들이다.

그렇다고 해도 아이들은 역시 다양하다. 앞선 세대에 비해 디지털 문화와 기술에 익숙해져 있긴 하지만 모든 아이들이 새로운 기술 개발에 관심을 갖고 있는 것은 아니다. 특히, 인문분야를 공부하는 학생들이나, 중, 고 학생들 중 상당수는 디지털 기술 개발에 참여할 의지가 낮으며, 실제로 능력 발휘에도 어려워하는 것으로 나타났다.

코딩을 배워보지 못한 사람들은 코딩 S/W가 프로그래밍 언어

---

13 디지털 네이티브(Digital Native): 디지털 환경에 해당하는 컴퓨터, 휴대전화, 인터넷 등의 디지털 언어와 장비를 원어민처럼 자유자재로 구사하는 세대(Generation)를 가리킴.

내 아이를 위한 창의적인 코딩 육아

로 코드 명령문을 입력하는 작업이기 때문에 코딩 전문가만이 해야 할 것처럼 어렵게 생각하는 경향이 있다. 코딩 교육과 관련하여 다양한 코딩 캠페인, 체험의 장을 마련하여 실제로 경험을 하게 된다면 비전문가라도 쉽게 도전할 수 있음을 알게 될 것이다.

그렇다면 학교에서 이뤄질 코딩 교육의 시기와 실제 모습은 어떠할 것인가? 초등학교는 실기과목에 2018년부터 실시하고 중학교는 과학/기술과정에 2019년부터 의무화가 시작된다. 학년별, 단계별 코딩 교육의 모습은 아래와 같다.

- 초등 3학년 이하 - 체험과 놀이, 흥미 활동 중심의 교육.
- 초등 4학년에서 중학생까지 - MIT 스크래치 창작 코딩 교육.

— 이들 과정은 공통적으로 코딩의 다양한 전문 언어를 배우고 전문성을 키우는 것보다 코딩 S/W의 개념을 이해하고 효율적인 학습능력을 갖게 하는 데 초점을 두고 있다.

이렇듯 대한민국의 코딩 S/W 교육이 전하고자 하는 메시지는 분명하다. 다양한 컴퓨터 프로그래밍 언어를 배우는 것이 디지털 사회의 문화를 이해하는 데 좋은 방법과 수단이 될 수 있다는 것이다.

2.
메타 코딩(Meta Coding)이란?

메타 코딩이란 메타 인지[14]와 코딩[15]이라는 두 가지 교육적 방법을 융합하여 나타내는 교육법을 가리킨다. 즉, 메타인지 학습법에, 코딩(컴퓨팅 사고력)을 요구하는 교육이 "메타 코딩"이라는 개념이다.

공교육이나 사교육에서 이뤄지는 코딩 교육의 본질적인 철학이 무엇일까? 사교육 현장에서 이뤄지는 코딩 교육의 목적은 뚜렷하다. 뛰어난 S/W의 개발을 위한 프로그래밍 기술을 익히는 것이다. 그렇다면 학교 코딩 교육의 철학적 목적은? 이에 대해 정확한 인지를 하게 해 주는 것이 "메타 코딩 학습"이라고 할 수 있다.

---

14 메타 인지(meta cognitive): 자신의 인지능력을 스스로 조절할 수 있는 능력. 즉, 내가 아는 것과 모르는 것을 정확하게 판단하고 인지하는 능력.
15 코딩(coding): 컴퓨터 언어를 사용하여 컴퓨터 데이터 장치가 사용할 수 있는 기호, 코드로 나타나게 하는 프로그래밍 작업.

학교에서는 학생들에게 실제적인 코딩 S/W 교육을 하기에 앞서 왜 코딩 S/W 교육이 필요한지, 무엇을 위해서 학습할 것인지, 어떤 방향으로 학습할 것인지에 대해 이해를 갖게 한다.

다른 나라는 흥미와 놀이를 곁들여 유아 때부터 코딩 교육의 필요성을 인지하게 한다. 교육생과 학부모들도 코딩을 배운다고 해서 당장 기술을 써먹으려는 것이 아니라 미래에 갖게 될 전문 분야에 대한 투자로 여긴다. 이렇게 생각하는 것은 메타 코딩 교육의 영향 덕분이다.

• 메타 코딩(Meta Coding)이란?

프로그래밍 언어로 컴퓨터에 명령을 내리는 언어 코딩이 아니라, 코딩을 하는 자신의 두뇌에 명령을 내리는, 즉 학습을 하는 자신의 사고에 대한 코딩이다. 컴퓨터 프로그래밍하는 작업의 원리로 정보화(Information), 함수화(Function), 모듈화(Module), 절차화(Algorithm), 자동화 등에 따른 사고에 대한 학습법으로 정의할 수 있다.

메타 코딩(Meta Coding) 교육은 수학의 코딩, 역사의 코딩, 언어의 코딩, 관찰의 코딩 등 다양한 학습으로 이루어진다. 코딩 S/W의 교육도 어떤 분야를 선택하느냐에 따라 교육 방법이 달라진다. 따라서 코딩 교육의 목표는 코딩의 전문 기술 분야와 컴퓨팅 사고력(CT) 계발로 나누어지며, 이 중 컴퓨팅 사고력(CT) 계발이 바로 메타 코딩 교육에 해당한다.

코딩 S/W 교육은 언플러그드[16]와 피지컬 컴퓨팅[17] 두 가지 방법으로 나누어 볼 수 있다. 이 중 언플러그드 코딩 교육 방법이 메타 코딩의 개념과 비슷한 관점을 갖는다. 코딩을 하는 두뇌(인지)에 명령을 내리는 메타 레벨의 코딩, 즉 학습을 하는 주체가 자신의 사고에 대해 코딩하는 것이라고 볼 수 있다.

메타 코딩(Meta Coding)은 수학이나 역사 등 교과 학습 및 생활 속 사건이나 사물의 관찰을 통해 메타 인지 능력을 강화하는 학습 방법으로 널리 알려져 있다. 학교 코딩 S/W 프로그래밍 교육이 전문 기술 습득에만 집중하고 기타 교과목과 동떨어지게 되면 새로운 콘텐츠 교육의 방향은 교육적 의미를 잃어버리게 된다.

메타 코딩의 가장 큰 장점이라면 학생들의 사고를 키워준다는 점이다. 스스로 생각하는 방법, 다시 말해 컴퓨팅 사고력(Computational Thinking)을 익힌 학생은 다른 교과 과목과 융합, 응용 학습이 수월해진다.

누누이 강조하지만 코딩 S/W 교육의 본질적 목적은 성적 향상 등에 있는 것이 아니라 학생들 스스로 사건의 문제를 해결하는 절

---

16 언플러그드(unplugged): 컴퓨터 등 기계적 장비를 사용하지 않고 다양한 활동이나 원리를 적용, 문제를 해결 하는 방법.
17 피지컬 컴퓨팅(Physical Computing): 디지털 신호를 기반으로 한 컴퓨터 등 기계적, 물리적 방법으로 정보를 주고받는 것.

차적 해결의 능력을 배양하는 데 있다. 디지털 시대라고 해서 웹을 통해 정보 검색이나, 게임만 하는 사람이 되게 하지 말고 코딩이라는 철학적 이해를 가지고 융합교육, 통합교육을 배워 나가도록 하는 것이 교육의 현실적 목표가 될 것이다.

메타 코딩 교육의 특징

- 연계된 다양한 문제를 융합한 후 컴퓨팅 사고를 기반으로 하여 문제 해결 방법을 모색한다.
- 학생들로 하여금 21세기 미래 디지털 사회의 문제를 예측하고 가상 문제 설정 후 컴퓨팅 사고력을 바탕으로 문제 해결을 시도한다.
- 실생활의 크고 작은 문제를 설정 후 컴퓨팅 사고로 해결해 나갈 수 있도록 도움을 준다.

메타 코딩을 활용하면 S/W 전문 교사가 아닌 비전공자나 교실에 디지털 환경이 조성되지 않아도 교과 학습에 컴퓨팅 사고력을 발휘할 수 있다. 컴퓨팅 사고력은 자기주도 학습법으로 스스로 습득할 수 있다. 메타 코딩 교과 학습 프로그램은 수학이나, 역사, 언어 등 교과 학습을 하는 데 있어서, 역사적 사건과 생활 속 사물의 관찰에 있어서도 컴퓨팅 사고를 통해 모델을 만들어 내도록 한다.

- 수학분야 메타 코딩 = 함수적 표현 문제 분석, 문제 해결, 모델링, 알고리즘 사고력을 기르고 배양할 수 있다.

- 역사분야 메타 코딩 = 다양한 사건 분석, 구성 절차, 데이터 정보화 능력, 사건 모델링 능력을 사고한다.
- 언어분야 메타 코딩 = 문장의 의미 분석, 언어 논리력, 작문 실력, 처리능력을 사고한다.

메타 코딩은 언어의 상호 분석과 연결성 모델링이 핵심이다. 또한 수학, 역사, 언어 등 교과목 연계를 넘어 일상생활의 다양한 문제점에 대해서도 메타 코딩이 가능하다.

<메타 코딩>의 목적은
1. 사교육 시장에 현혹되지 않고 메타 코딩 셀프 교육이 가능하도록 학교, 부모, 교사가 안심할 수준의 코딩 교육을 실시한다.
2. 코딩을 설계할 수 있는 구조화된 사고력 훈련을 길러준다.
3. 컴퓨팅 사고력을 높이는 교과 융합형 코딩 교육이어야 한다. 자기주도 학습법이 있는 프레임을 가진다.
4. 실생활의 사물, 사건을 모델링함으로써 컴퓨팅 사고력을 확장하는 교육이어야 한다.

이러한 메타 코딩 교육은 어떤 측면을 바라보느냐에 따라 달라질 수 있다. 문제와 문제로 얽혀 있는 생활에서도 문제의 의미를 찾아 다른 문제와 융합하여 해결해 나갈 수 있게 한다.

내 아이를 위한 창의적인 코딩 육아

3.
코딩, 다양한 직업을 디자인하라

세상에는 다양한 직업들이 존재한다. 해마다 수많은 직업이 경쟁력을 잃고 사라지는가 하면 지금 이 순간에도 새롭게 창출되는 직업도 있다. 더구나 미래에는 우리가 상상하지 못했던 직업들도 더 많이 생겨날 것으로 보인다.

직업이 우리의 삶에 중요한 이유는 무엇일까? 많은 이유를 댈 수 있을 것이다. 생활의 영위라는 현실적인 이유에서부터 자아실현이라는 고상한 이유를 말할 수도 있겠다. 부모로부터 막대한 유산을 물려받았거나 엄청 크게 경제적으로 성공하여 더 이상 돈을 벌어들이는 경제활동을 할 필요가 없는 사람을 제외한 우리 모두는 직업을 가지고 있다. 그러나 로봇이 인간 영역의 많은 부분을 대체할 것으로 보이는 미래에는 직업이 없는 시대를 살아가게 될지도 모르겠다. 아니 직업이 없다기보다 여러 직업을 가지다 보니 특정 직업인으로 불리기 어려운 시대를 살아간다는 것이 좀 더 현실적인 대답이 될 듯하다.

각자의 흥미와 재능에 맞는 직업을 선택하기 위해 우리는 오랜 시간 학교의 교육 제도 속에서 학습한다. 그런데 아이러니한 것은 그렇게 오랜 기간 배웠으면 자신의 길을 잘 찾아갈 듯한데, 자신의 길을 찾지 못해 방황하는 사람이 주변에는 넘쳐난다는 사실이다. 짐작했겠지만 필자는 유아 때부터 시작된 다양한 사교육 열풍에 휩싸인 학습 때문이라고 생각한다.

자기주도성을 잃은 아이는 성인이 되어서도 자신의 전공을 찾지 못하고 오랜 시간 낭비하는 경우가 많다. 의무교육에서 전문교육을 받는 대학까지 모든 교육기간이 지나고 나면 드디어 고민이 시작된다. 스스로 하고 싶은 일, 해야 하는 일 등을 선택해야 할 시점이 온 것이다.

때로는 자신의 흥미나 재능을 일찍 발견한다손 치더라도 여러 환경적, 물질적 이유로 도전할 수 없는 경우도 많다. 자신의 흥미와 취미, 재능과 연계된 직업을 가지는 사람은 행복할 것이다. 그렇기 때문에 부모들은 아이의 재능을 찾기 위해 유아기 때부터 여러 사교육을 접하게 한다. 재능만 잘 찾아 길러준다면 어떤 분야든 전문가가 될 것이라고 생각하기 때문이다.

그러나 종종 천재적인 재능이 있는 아이들이 너무 이른 나이에 부모의 과도한 기대로 인한 사교육에 상처를 입는 모습도 보게 된다. 자신의 선택 의사 없이 성인들의 선택에 무조건 휘둘린 아이들은 대체적으로 성장하는 과정에서 천재성이 사라지는 경우가 비일비재하다. 특히 아이들이 이러한 진로 과정에서 부모와의 시각 차이로 마찰이 빚어져 스트레스를 받는다.

적성과 재능은 한 사람의 미래를 결정한다는 점에서 정말 중요하다. 그러나 자신의 재능을 찾아낸다는 것이 삶에서 매우 중요하긴 하지만 재능이 한순간에 쉽게 찾아지는 것이 아니다. 적성 또한 어린 시절이나 어느 정도 시간이 지나면 드러나는 경우도 있지만 환경적인 요인에 의해 오랜 시간에 걸쳐서도 잘 드러나지 않는 경우도 있다.

그렇다면 우리는 여기서 적성이 무엇인지에 대해 알아볼 필요가 있겠다. 적성은 아마도 흥미와 재능을 결합한 개념의 말일 것이다.

◆ 재능 talent - 자신이 가지고 있는 재주와 능력을 아울러 이르는 말.
◆ 흥미(興味) - 어떤 것에 대하여 호기심 및 다양한 관심을 가지게 되는 것을 이르는 말.

자신의 흥미에 맞는 직업이나 취미를 갖게 된다면 삶의 만족도는 높아질 것이다. 흥미에 견주어보면 재능은 대체적으로 좀 더 찾기 어렵다. 이것은 상당한 수준까지 올라야 보이기 시작할 때도 있다. 그렇다고 재능이 꼭 한 가지만 있는 것도 아니다. 잘 드러나지 않거나 발견하지 못했다고 해서 아동들이나 청소년들에게 "넌 아무런 재능이 없어"라고 말하는 것은 큰 오류를 범하는 것이다.

재능은 어릴 때 찾아 주는 것이 중요하지만 꼭 그렇지만은 않다. 우리는 '대기만성'이라는 아주 좋은 말을 알고 있지 않은가!

진로에 대해 고민하는 학생들은 가끔, 자신이 프로게이머나 컴퓨터 프로그래머에 많은 재능을 가졌다고 생각하는 경우가 있다. 이런 학생들의 내면을 들여다보면 사실은 입시 공부를 하기 싫어서, 혹은 단순히 컴퓨터 게임이 좋아서인 경우가 태반이다. 자신이 좋아하는 게임과 그것을 직업으로 연결된 일로 한다는 것은 큰 차이가 있다. 좋아하는 것을 재능이라고 생각하게 되면 진로 설정에 큰 오류를 범할 수 있다.

분명한 것은 재능을 가지고 있는 사람들도 더 큰 재능을 얻기 위해 무수히 노력한다는 점이다. 그러나 대부분의 경우에는 남들보다 얼마나 많은 노력을 해야 하고, 전문 지식 습득을 위해 얼마나 많이 투자하고, 오랜 기간 배워야 하는지 모르는 경우가 많다.

미래에는 IT 관련 직종과 직업은 계속해서 발전해 전망이 밝을 것으로 보인다. 컴퓨터 소프트웨어 관련 직업도 다양하지만 IT 직종 또한 게임 개발, 웹 개발, 어플 개발, 웹 프로그래머, 시스템관리, 보안 프로그래머, 게임 프로그래머, 모바일 폰 프로그래머 등다양하다. 이들 직종은 정부의 IT 기술 및 다양한 게임 산업 육성에 따라 성장을 거듭하고 있다.

게임 프로그래머를 예로 들어볼 수 있다. 온라인게임, PC게임, 모바일게임 등 다양한 게임을 제작할 때 게임의 그래픽이나 디자인이 중요한 요소들이긴 하지만 실제로 게임을 작동시키기 위해서는 게임 프로그래머가 필요하다.

IT 정보 통신 분야에 게임 산업의 비중이 점점 높아지고 있으며, 온라인 게임의 수출 비중 또한 높다. 그래서 그런지 학생들뿐만 아니라 성인들 또한 게임 프로그래머에 관심이 많다.

하지만 청소년들이 생각하는 것처럼 프로그래머가 하는 일이 그리 간단하지만은 않다. 게임프로그래밍을 전문적으로 하는 프로그래머는 앞에서 설명한 다양한 코딩 언어에 밝아야 한다. C언어, C+, java, C++, 파이선 등의 언어들을 능수능란하게 다뤄야 한다. 실제로 컴퓨터 S/W 프로그래머는 코딩 언어를 프로그래밍하기 위해 언어 명령코드, 시스템 구축, 프로그래밍 코딩 및 코딩된 프로그램에서 나타나는 오류 수정 등 다양한 업무를 한다. 그래서 프로그래머는 프로그램 영역의 전반적인 전문 지식을 습득해야 한다.

IT 업종의 기술 개발 회사들은 이왕이면 다양한 컴퓨터 코딩 언어를 사용하는 인재를 찾으려 한다. 왜냐하면 프로그래밍 언어에 익숙해지기까지에는 많은 시간을 들여 배우고 익혀야 하기 때문이다. 또한 특정 언어 하나만 익힌 것으로는 다각적인 프로그램에 대응할 수 없기 때문이기도 하다.

이러한 IT 직종은 프로그램 제작을 위한 개인의 역량도 물론 중요하지만 팀으로 업무를 수행하는 경우가 많아 동료들과의 의사소통 능력도 길러야 한다. 그리고 여타의 IT 기술 업종은 물론, 프로그래머 직종에도 여성보다 남성의 비율이 높은 편이다.

IT 분야의 대학 진로 선택 시 유용한 정보를 알아둘 필요가 있다.

소프트웨어 대학 특기자 전형 조건
1. 컴퓨터의 다양한 소프트웨어 프로그램 자격증을 취득한다.
2. 자신의 포트폴리오 및 프로젝트로 인한 아이템을 만든다.
3. 국가 및 교내의 소프트웨어 대회에 참가하여 수상 경력을 만든다.

모든 IT 기술의 전문가로 인정받는 사람은 어쩌면 타고난 재능보다 더 값진 엄청난 노력과 시간을 들인 사람들이다. 이렇듯 청소년들은 자신의 흥미와 재능을 알고 직업을 찾아 나서야 할 것이다. 결코 한순간의 재미나 흥미에만 집중하지 말고 자신의 성향, 재능을 고려하여 적성을 발견해야 한다. 부모들은 너무 빨리 적성을 찾거나 선택하도록 종용하기보다 긴 안목을 두고 자녀들이 자기만의 색깔을 만들어 가도록 도와주어야 한다. 결국 우리 아이들이 가치와 의미를 지닌 직업을 갖기 위해서 가장 시급히 해야 할 일은 주도적이고 도전적인 활동을 통해 자신의 참모습을 찾는 일일 것이다.

4.
몰입 경험(Flow experience)을 가져라

몰입 경험의 가장 중요한 요건은 자신이 좋아하는 활동에서 오는 '즐거움'일 것이다. 바꿔 말하면 자신이 현재 활동에서 전혀 즐겁지 않다면 몰입경험을 느낄 수 없다는 뜻이다. 몰입 경험은 어떤 물질적 보상이 없어도 누구나 자발적으로 경험할 수 있다.

미하이 칙센트미하이는 몰입의 개념에 대해 피력한 적이 있다. 몰입경험이론은 몰입이라는 개념을 다양한 학문분야에 활용한 것이다. 사람들은 어떨 때 몰입이라는 순간을 경험할까?

우리는 어떤 일을 하거나 학습을 할 때 종종 몰입해 있는 순간을 만난다. 몰입의 순간이 지나면 시간이 많이 흐른 상태가 되지만 정작 몰입한 순간에는 시간의 흐름을 느낄 수 없다.

몰입은 자기 목적성 동기에 의해서 이루어진다. 결코 타인이 시켜서는 몰입에 도달할 수 없다. 사실 우리는 일상에서 자주 작은 몰입을 경험한다. 드라마를 볼 때, 껌을 씹을 때, 음악을 들을 때, 조깅이나 산책할 때, 책을 읽을 때 등등 셀 수 없이 많다. 몰입한 순간 사람들은 즐거움과 행복감을 느낀다. 작은 몰입일지라도 몰입의 경험을 많이 하면 할수록 자신이 좋아하는 일에 몰입을 잘 할 수 있게 된다. 이렇게 어떠한 활동에 즐거움을 느끼며 몰두하게 될 때 우리는 "몰입경험(Flow experience)", 즉 몰입 상태라고 한다.

다양한 몰입 경험은 특히 입시에 찌든 우리 학생들에게 필요하다는 생각이 든다. 한국의 학생들은 즐거움과 행복함을 느껴보지 못하고 하루 10시간 이상을 입시교육 제도에 억눌려 살아가고 있다. 그렇게 오랜 시간 동안 딱딱한 교실 의자에 묶어두는 것은 비효율적이며 시간 낭비다. 그것이 과연 성공을 위한 제도인지, 삶의 행복을 위한 교육인지 깊게 생각해 보아야 할 것이다.

어린 학생들일수록 공부보다는 미디어 화면이 나타나는 컴퓨터 게임에 몰입이 더 잘 일어난다. 그런데 미디어 화면이나 디지털 기계는 대체로 자극적이다. 학생들이 자극적인 것에 몰입하는 경험이 쌓이면 더욱더 강한 자극에만 반응하게 된다. 결국 일상생활의 작은 몰입 경험은 점점 더 줄어들 수밖에 없을 것이다.

컴퓨터 게임을 할 때에는 몇 시간, 며칠 동안이라도 게임에 집중하던 학생들이 학습에는 전혀 관심과 집중을 보이지 못한다면 다양한 방법을 통해 몰입의 즐거움을 경험하도록 해 주어야 한다. 다만 신체적 뇌의 활동이 더욱 활발하게 일어나는 아동과 청소년 시기는 앉아 있는 시간보다 서서 활동하는 시간이 더 길어야 한다.

성장기 학생들에게 몰입경험은 가끔 다양한 부작용을 유발하기도 한다. 이것은 학생들이 아직 외부환경에 많은 영향을 받기 때문이다. 그런데 이것을 학생들의 의지가 약하다고 치부하기에는 뭔가 개운하지가 않다. 디지털 시대에는 성인들도 삶에 너무 많은 변화를 겪다 보니 그 변화 속에서 자기의 목적을 잊어버리는 경우도 많기 때문이다.

학생들은 자신이 왜 스스로 공부를 해야 하는지 등 내적, 외적으로 스스로 충분히 동기 부여가 되지 않은 상태에서 많은 학습을 해 나가는 경우가 있다. 이러한 교육제도 아래에서는 학생들이 미래뿐만 아니라 자신의 가치와 목적성을 발견하기 어렵다.

각자가 가지고 있는 몰입활동의 가장 큰 특징은 피드백 효과가 빨리 나타난다는 점이다. 몰입은 자신의 일에 성공을 이룬 사람들에게 나타나는 공통적 특징이다. 우리는 종종 집중력과 몰입을 혼동한다. 현실의 입시 교육은 암기식으로 시험결과에 많은 집중력을 요하고 있다. 몰입은 집중력과는 다른 것이다. 집중력은 재미없는 것을 하더라도 높일 수 있다. 그러나 몰입이란 플로우(Flow)의 의미 그대로 무아지경의 상태인 것이다. 최고로 몰입된 순간 행동이 물 흐르듯 자연스럽다.

부모들은 학생들에게 더 집중력을 더 가지라며, 몰입을 요구한다. 그러나 몰입은 수학처럼 답을 풀기 위한 과정이 아니라 자신의 내적 동기가 이루어져 각자 제일 즐거운 일을 할 때 만날 수 있는 것이다.

그렇다고 몰입이 좋은 방향으로만 형성되는 것은 아니다. 외부환경에 유혹받기 쉬운 아동, 청소년기에는 누구나 컴퓨터 게임, 스마트 폰을 하는 데 쉽게 몰입하는 경향이 있다. 이런 경우는 주변을 인식하지 못해 종종 부정적 결과를 초래하기도 한다.

몰입을 긍정적 부분으로 환원해 생각한다면 현 교육제도는 학생들로 하여금 몰입을 이끌어내지는 못하고 있다. 무엇보다 학생이 학습의 주체가 아니라 객체로 존재하기 때문이다. 교육적 고민에 있어서 지도자의 역할이 중요하다. 몰입을 이끌어 내기 위해서는 과제나 활동을 개발함에 있어서 학생들의 도전수준과 능력을 파악해 스스로 동기를 가질 수 있도록 유도해야 한다.

몰입을 경험하게 되는 몇 가지의 특징적 사례.

1. 균형감 있게 집중할 만큼 활동과제와 자신의 수행능력의 수준이 모두 높을 때 도전적이 되고 몰입은 발생한다.

2. 자신의 활동목적이 분명하고 자신이 무엇을 할지 정확하게
   판단할 수 있을 때 몰입은 나타난다.
3. 활동 과정에서 자신이 잘하는 것, 사안에 대해 명확하게 판단
   하는 피드백 효과가 있을 때 몰입을 경험한다.

몰입의 경험을 하게 되면 누구나 스스로의 가치를 발견할 수 있
다. 시험 기간에 학생들은 종종 몰입해 있지만 행복하지 않다고
느끼는 것은 스스로의 의지가 빠져 있기 때문이다. 대체로 이런
학생은 자신의 진정한 내면에 관심이 소홀한 경우가 많다.

기성세대는 미래를 이끌어나갈 청소년들이나 자라나는 유아들
이 미래에 훌륭한 삶을 살 수 있도록 도와줄 의무가 있다. 21세기
는 인공지능이 범람하는 다양성의 사회가 될 것이다. 부모들이 먼
저 기존에 생각해 왔던 교육체계의 틀을 깨야 한다. 그리고 학생
들이 스스로 주체성을 가지고 미래를 향할 수 있도록 방향을 제시
해 주어야 한다.

학생들 스스로도 지식 및 취미 활동을 찾고, 참여하면서 몰입의
경험을 많이 쌓기 바란다. 요즘은 다양한 문화 체험을 할 수 있는
야외 캠프도 많다. 정해진 입시 교육의 틀에서 조금만 벗어나 방
향을 달리하여 찾아보면 우리 학생들이 오감을 자극하는 경험을
쌓을 수 있는 프로그램이 많이 있다. 이렇게 몰입의 경험이 많은
사람은 학업, 진로 결정 등에서 소기의 성과를 만들어 낼 수 있을

것이다. 결과적으로 나타나는 성적에 연연할 것이 아니라 활동 자체에서 오는 즐거움, 발전 등에도 가치를 느끼는 자세가 필요하다.

5.
스토리텔링의 중요성

세계 모든 나라는 '4차 산업 혁명'에 이어서 지금 이 순간에도 수 없이 많은 IT 기술을 개발하고 있다. 기술의 발전이 가져다주는 다량의 디지털 정보가 우리의 삶에 많은 영향을 미칠 것은 분명하다. 과제는 이러한 기술과 정보를 어떻게 상용화 할 것이며, 안전하게 사용할 것인지에 있다.

4차 산업혁명의 발전으로 중국의 '쟈쟈' 등 많은 인공지능 로봇이 만들어지고 있고, 세계의 여러 기업들은 인공지능과 함께 브랜드 구축을 위해 스토리텔링을 가미하고 있다.

중국의 인공지능 로봇 '쟈쟈'와 일본의 감성 로봇은 인간의 감성을 읽을 수 있기에 인간과 대화할 수 있다. 대화형 로봇인 이들은 생산성의 극대화를 위한 기계적 움직임을 위해 만들어진 것이 아니다. 인간과 함께 동행하도록 하는 스토리 혁명을 통해 만들어진

로봇인 것이다.

디지털 시대에 사용하는 전자제품의 기능이 우수해지면서 이제는 스토리텔링의 중요성이 부각되고 있다. 소비자들은 상품의 기능을 사는 것이 아니라 스토리를 산다는 얘기도 있다. 스토리텔링만 잘할 수 있으면 짧은 한 편의 영화도 손쉽게 만들어 낼 수 있는 디지털 기술의 시대를 우리는 살아가고 있다.

스토리텔링은 Story(이야기)+Telling(말하기)의 합성어이다. 구체적인 대상에게, 구체적인 방법, 즉 스토리가 전달되는 것을 '스토리텔링'이라고 한다. 기업 등에서 스토리텔링이 중요시되는 것은 디지털 기술의 발달로 인간이 기계, 즉 사물과 인공적인 의사소통이 가능해지기 때문이다.

바야흐로 I.O.T, 즉 사물인터넷 시대다. 인공지능은 인간과 사물 간의 관계를 혁명적으로 바꾸고 있다. 인공지능으로 인한 소통이 화두로 자리 잡으면서 기업은 모든 제품에 스토리를 입히는 데 사활을 걸고 있다고 해도 과언이 아니다.

기술들의 발전은 새로운 트렌드와 문화를 형성하는가 하면, 제품에 대한 수요와 공급의 관계도 변화시킨다. 기업들이 가장 신경 쓰는 것은 어떻게 소비자의 관심을 끌어내느냐이다. 그래서 스토리텔링 기술이 필요한 것이다.

기업의 상품은 생산, 판매 단계에서만 이야기를 만들어내고 정보를 전달하는 것으로 끝나는 것이 아니다. I.O.T(사물인터넷) 기술이나 과학 등 소비자가 필요한 것들을 판단하고 사용하려 할 때에도 이야기는 필요하다. 이러한 스토리텔링은 TV 광고에서 많이 볼 수 있다. 기업은 단 몇십 초 안의 영상에 제품의 모든 것을 전달한다. 상품을 둘러싼 스토리를 통해 소비자들은 상품의 의미와 가치, 이미지를 각인받게 된다. 좋은 스토리텔링이 이루어진 인상적인 광고는 소비자에게 좋은 장면으로 기억될 것이다.

　일례로 코카콜라와 연관된 기업의 스토리텔링을 들여다보자.

　대다수의 사람들은 콜라하면 '코카콜라'를 떠올릴 것이다.

　사실 다른 종류의 콜라와 코카콜라의 맛은 별 차이가 없다. 그러면 왜 소비자는 유독 코카콜라에 익숙해져 있는 것일까?

　물론 대기업의 광고 효과도 많이 있지만 소비자들이 좋은 이미지를 갖는 이유가 있다고 한다. 그것은 산타클로스의 빨간색 옷과 콜라를 스토리텔링으로 엮은 기업의 마케팅 전략 덕분이라고 한다. 미국의 코카콜라 본사에서 코카콜라와 산타 할아버지를 접목한 결과로 지금 전 세계 산타 할아버지의 이미지가 탄생했다.

코카콜라는 콜라의 겨울철 매출을 높이기 위해 전략을 강구했다. 제품으로 기업의 선한 이미지를 연상시키기 위해 겨울과 밀접한 산타를 마케팅 기법에 활용했다. 코카콜라 로고 색인 빨간색 외투를 산타에게 입히고 콜라의 거품을 연상케 하기 위해서 하얀 수염을 달게 했다. 이렇게 하여 마음이 따뜻한 산타, 사랑을 나누어 주는 산타의 이미지가 콜라와 연결되는 산타 브랜딩이 탄생한 것이다. 기업은 여기에서 한발 나아가 저소득층 아이들에게 무료로 '코카콜라'를 나누어 주면서 산타클로스의 이미지를 완벽하게 코카콜라에 입혔다.

콜라가 성장하는 아이들의 몸에 그리 좋지 않다는 것이 상식이 된 지금도 코카콜라는 좋은 이미지로 전 세계에 광고되고 있다. 사람들의 뇌리에 한 번 각인된 이미지는 쉽게 바뀌지 않는다. 스토리텔링이 얼마나 강력한지 보여주는 좋은 사례다.

스토리텔링 기법은 이제 기업의 광고뿐만이 아닌 학교 교육에서도 종종 활용된다. 특히 최근에는 수학 과목에 스토리를 입혀 교육하는 붐이 일고 있다. 초등학생을 대상으로 한 수학 교육은 계산과 연산식의 암기와 반복을 요구하던 예전의 교육방법에서 벗어나고 있다. 삶과 밀접한 동식물과 다양한 문화체험 등을 아이들 자신만의 방식으로 만들어 보는 훈련을 시도한다. 유아들이나, 어린학생들은 상상력이 풍부하기 때문에 인물, 사건, 배경, 이 세 가지가 요소가 가미되 스토리를 잘 완성해 나갈 수 있다.

스토리텔링 기법은 각자가 가지고 있는 자신만의 독특한 아이디어로 만들어내면 그 가치는 더욱 빛난다. 스토리텔링 교육은 학생들에게 추상적인 특성을 강조하여 사고력을 갖게 하고 창의력을 높여주는 미래 지향 학습이다.

IT 기술 변화로 학교 교육의 모든 교과목에서 이제는 일괄적 교육방식보다 스토리를 가미한 교육 방식이 채택되고 있다. 예를 들면 아이들의 사고를 확장시키기 위해 수학 문제들도 스토리와 함께 진행된다. 요구하는 해답도 단답식보다는 스토리와 연계해 나가는 방법을 접하면서 개념과 원리를 스토리 방식으로 풀어내도록 하고 있다. 스토리텔링 중심의 교육이 이루어진다면 우리나라의 교육의 질적 변화는 크게 일어날 것이다. 스스로 많은 생각하고 생생하게 만들어 내는 능력을 갖게 되기 때문에 스토리텔링 교육은 기타 연계학습도 도움을 줄 것이다.

스토리텔링은 어디에서나 융합해 나갈 수 있는 아이들의 미래의 경험을 미리 상상해보는 것이기 때문에 중요한 사고의 핵심이다. 스토리텔링의 효과는 무척 강력하다. 미래를 바라보는 비전을 설립하게 하고, 다양한 정보를 엮은 메시지로 사람들과 공감하고, 학교나 단체에서 리더십을 갖춘 인재로 거듭나게 한다. 또한 타인의 입장에서 세상을 바라보는 관점 등 다양한 경험을 통해 자시의 사고를 확장하면서 문제해결력이 좋아진다.

아이들에게는 창의적인 생각을 길러주는 것이 좋다. 특정화된 방법을 강조하거나 빨리 전문성을 갖추도록 독려해서는 안 된다. 아이들은 실제 경험은 물론, 상상을 통해서도 다양한 학습이 가능하다. 각자 가지고 있는 스토리를 활용하여 확장해 나가면 다른 교과목에 응용도 될뿐더러 진로 탐색 학습도 가능하게 될 것이다.

누구나 잠재되어 있는 흥미로운 스토리가 있다. 스토리는 항상 즐거움 속에 만들어진다. 이미 자기 안에 내재된 스토리를 사람과 컴퓨터와 사물과 엮어 누구나 스토리 '꾼'이 될 수 있는 무한 가능성의 시대를 우리는 살아가고 있다.

스토리가 전해주는 것은 단순한 교훈과 감동이 아니라, 재미와 함께 오는 다양한 의미다. 각자의 귀중한 스토리들은 개인이 가지고 있는 과거와 현재의 경험, 현재에 대한 아이디어와 의문들, 미래에 대한 개인적인 비전 등 다양하다. 스토리텔링 기법은 나 자신과 주변 사람, 때로는 사물에까지 미치는 영향에 대해 깨닫게 될 것이다.

6.
디지털 시대, 정보 홍수를 대비하라

디지털 정보의 범람으로 사람들은 새로운 고통을 호소하고 있다고 한다. 넘쳐나는 정보에 지쳐있는 사람들의 이러한 증상을 가리켜 '정보피로 증후군'이라고 한다. 인터넷이나 기타 디지털 기기를 통해 만나게 되는 정보는 주의력과 집중할 시간도 주지 않고 또 다른 정보로 우리를 공격한다.

정보는 생활에 다양함과 편리함을 가져다주는 유용한 존재다. 그러나 디지털 시대에는 불필요한 정보도 많다. 유용한 정보로 가공되지 않고 떠다니는 데이터를 우리는 많이 받아들이고 이것을 사실인 마냥 타인과 대화의 소재로 삼고 있다.

요즘은 네트워크와 웹 사이트 등을 통해 가까운 친구, 동료 등 사람들과도 감정을 나누고 정보를 만들어 공유하기 좋은 시대다. 사람들은 쉽게 정보를 얻길 원한다. 더 이상 책상에 앉아 책을 보거나 서랍에 있는 서류를 찾아 분석하지 않는다. 시간이 너무 오래 걸린다는 이유다. 인터넷만 뒤지면 고급은 아니더라도 어느 정도 수준의 정보는 그리 어렵지 않게 찾아낼 수 있다. 그래서 그런지 쉽게 얻은 만큼 쉽게 버리고 지우는 경향이 있다. 그렇지 않고서는 넘쳐나는 정보를 감당할 수 없기 때문이다.

　정보도 정리가 필요한 시대다. 정확성이 가미된 유용한 정보는 잘 보관해야 한다. 반면에 업무 등에 사용하지 않는다면 과감히 버리는 습관도 중요하다. 이럴 때 필요한 것이 정보 분석 능력이다. 정보를 습득하는 순간 버려야 할 정보인지 보관해야 하는 정보인지 정확하게 분석해야 한다는 말이다. 불필요한 정보는 시간이 지나면 어느 정도 판가름이 난다. 그래서 주기적으로 정보 점검을 통해 과감하게 버리는 작업도 필요하다.

　'디지털 치매'라는 말을 들어 본 적이 있는가? 디지털 기기에 의존하거나 과도하게 정보를 습득하면서 생기는 일종의 치매 현상을 가리키는 말이다. 넘쳐나는 정보 홍수 속에서 우리는 종종 사소한 것도 순간순간 잊어버리는 경험을 하게 된다. 필자도 급하게 외출할 때 한 손에 자동차 키를 잡고 있으면서 키를 찾느라 헤매었던 기억이 종종 있다.

　인터넷은 이제 정보 검색의 편리를 넘어 우리의 사고방식까지 조장하기에 이르렀다. 통신 기술의 혁명은 풍부한 정보와 데이터를 제공한다는 데 있지만 진짜 핵심은 '연결의 기술력'에 있고도 할 수 있다.

우리는 글과 이미지를 학습하고 기술을 습득하던 시대를 지나 디지털 미디어를 활용하여 사람들과 소통하는 시대를 살고 있다. 이제는 사람을 넘어 사물과도 소통이 가능해지고 있다. 사람들은 매 순간 스마트폰을 만지며 인터넷을 뒤적인다. SNS를 통해 수많은 사람과 소통하고 정보를 얻는다. 하루라도 하지 않으면 소외감을 느낄 정도다. 이제는 책으로 지식을 얻는 방법은 미디어 시대에 시간 낭비라고 생각한다. 이것이 현실이다.

그런데 주목해야 할 것은 미디어를 통해 접하는 정보들이 큰 가치를 지니지 않는 것일 확률이 높다는 것이다. 아이러니하게도 잠시 보고 즐기고 버릴 정보에 우리는 너무나 많은 시간을 보내고 있는 것이다. 이럴 때일수록 정확하고 유용한 정보의 가치는 더욱 빛을 발하게 된다. 우리는 하루에도 수없이 쏟아지는 디지털 정보 속에서 유용한 정보를 분석하고, 유해한 정보는 차단할 줄 알아야 한다. 다시 말하면 새로운 정보를 변별력 있게 선택하는 방법을 길러내야 하는 것이다.

현재 IT 기술은 상상을 초월하는 속도로 달리며 1ZB 이상이라는 용량의 정보를 담아내는 그릇을 만들고 있다.
- Bit-Byte-KB-MB-GB-TB-PB-EB-ZB…:

거대한 정보 용량의 확장 속에 우리 사회는 세대 간, 계층 간 정보 격차가 벌어지고 있다. 정보의 경쟁에 밀리는 사람이 있는 반면에 소외되는 사람들도 있다. 특히, 베이비붐 세대 상당수는 4차 산업혁명, 사물인터넷(IoT), SNS 서비스를 쉽게 받아들이지 못한다. 이들과 미래 세대와 디지털 미디어 활용 격차는 점점 더 심해지고 있다. 이들 세대 간의 디지털 격차를 줄이지 않으면 사회의 통합과 변화, 발전에 많은 장애가 발생할 것이다.

속도만을 강조하는 디지털 미디어에 익숙한 나머지 우리 아이들의 교육 현장에서는 올바른 언어와 사물에 대한 교육이 심각하게 부족하다. 한글과 한자 등 기본 교육이 변질되었고 한글 사용 교육 정책의 혼란으로 인한 나쁜 결과들이 곳곳에서 감지되고 있다. 실제로 대입을 앞둔 일부 학생들은 시험 문제의 지문을 이해하지 못하는 경우가 있다고 한다. 대학 및 디지털 문자에 익숙해진 학생들이 자신의 이름을 한자로 적지 못하는 경우는 비일비재하다. 디지털 교육도 정보만을 중요시하다 보니 정작 이해하고 사고하고 추론하는 훈련은 소홀히 다뤄지고 있는 것이다.

인터넷과 SNS[18]의 발달로 누구나 정보를 생산, 공급할 수 있게 되었다. 세상에는 정치적, 경제적 이익을 위해 가짜 뉴스를 만들

---

18 SNS는 'Social Network Service'의 약자, 특정한 관심이나 활동을 공유하는 사람들 사이의 관계망을 구축해 주는 온라인 서비스.

어 유용한 정보로 둔갑시키는 사람들도 있다. 때로는 개인이 단순히 재미를 위해 가짜 뉴스를 만드는가 하면, 특정 이슈를 풍자, 비판할 때도 가짜 뉴스를 만들어 낸다. 때론 가짜 뉴스의 영향력이 더 클 때가 많다. 가짜 뉴스는 빠른 속도로 공유된다. 디지털 정보는 시간과 유용성에서 편리하지만, 위태로운 정보의 양산과 유통은 우리 사회의 불신을 조장하게 된다.

지금은 개인마다 중요한 정보를 필요한 시간에 필요한 만큼만 얻을 수 있다. 다양한 채널을 통해 정보를 얻다 보면, 같은 정보를 보는 시각도 다른 사람들을 발견하게 된다. 누구나 다양한 가치의 관점을 가진다는 것은 다양성 사회를 위해 좋은 것이다. 그러나 외곬으로 편협된 생각을 정보로 포장해 타인의 균형 있는 사고를 저해하는 것이 문제다.

정보를 받아들이는 입장에서는 "넘쳐나는 정보 속에서 정보의 난민이 되지 마라…."라는 말을 되새겨 보아야 할 것이다. 디지털 환경에서 만나는 대부분의 정보들은 기존의 대중매체나 기타 문화 예술의 정보 등에 비해 상대적으로 신뢰성이 떨어진다. 이러한 낮은 신뢰성의 정보 양산은 사회, 문화, 학습, 교육 등에 막대한 영향을 끼친다.

SNS로 인해 세상의 다양한 정보가 빠른 속도로 사람들에게 공유되기에 양질의 정보인지 식별할 시간적 여유가 없다. 정보 홍수에 대한 예방이 중요하며, 익명성을 활용한 타인에 대한 악의적 비방, 욕설 등에도 대비해야 한다. 그러나 현실적으로 개인들에게 다양한 가치를 가진 균형 있는 정보가 전달되도록 통제하기에는 어려운 점이 많다.

오늘날의 문제는 너무 많은 정보 속에서 많은 정보를 너무 빨리 습득하고 입력하려다 보니 디지털 '인지 과부하'가 나타나는 것이다. 정보가 사람의 두뇌에 입력되면 단기 기억과 장기 기억으로 활용 및 저장이 되어야 하는데 장기 기억에 담을 수 없을 정도로 정보가 넘쳐나 문제가 발생하게 된다. 결국 수많은 정보 속에서 자신의 능력을 찾고, 두뇌의 휴식을 취하고, 그리고 받아들일 정보와 버릴 정보를 분별력 있게 선택하고 나아가는 방법만이 정보화 시대의 생존전략이 될 것이다.

내 아이를 위한 창의적인 코딩 육아

제 **5** 장

코딩! 인생을 변화시키는 힘

1.
코딩, 누구나 한다

연로하셔서서 80세가 다 되어 가시는 나의 어머니! 안부 전화를 드릴 때면 나는 내가 무슨 강의를 하는지 매번 말씀드린다.

그럴 때면 어머니는 늘 "그래, 꼬빙 일을 하는구나!"라고 하신다.

"엄마! 꼬빙이 아니고 코딩이요, 코딩!"

그래도 "그래, 꼬빙 일을 하는구나!"라고 하신다.

"엄마! 꼬빙이 아니고 코딩이요, 코딩!"

이렇게 실랑이를 하며 몇 번을 정확하게 알려 드려야 겨우 "꼬딩"이라고 하신다.

나는 한참을 크게 웃는다. 꼬딩인지 코딩인지 정확하게는 모르겠지만 당신께서는 그래도 딸이 아직 사회에서 일을 한다는 것이 대견스럽게 생각되신 모양이다. 그럴 만도 하다. 어릴 적 나는 정말 공부에는 관심도 없었던 아이였으니….

초등학교 시절 나는 수학을 특히 못하였다. 콩나물시루 속에서 콩나물이 넘쳐나듯 60명이 넘는 한 학급에 매일 출석부로 맞으면서도 매 맞는 것이 나을 정도로 수학은 끔찍이도 싫어하는 과목이었다. 숫자와 관련된 과목뿐만 아니라 한글 배우기 등 다른 공부도 잘하지 못했다.

어릴 적 시골 우리 집 넓은 장독대 앞마당에는 녹슨 쇠로 된 손수레가 식구처럼 덩그러니 매일 마당을 지키고 있었다. 좌판에 생선 장사를 하시는 어머니께서 사용하시는 것이었다. 땡볕이 내리쬐는 여름! 비오는 날이면 어머니께서는 가끔 낡은 손수레를 놓고 외출을 하는 경우가 있었다. 난 학교 결석이 잦았다. 결석을 하고픈 날이면 나는 마당에 뒤집혀 있는 손수레 속에 숨어 있다가 어머니께서 일을 나가신 뒤 나와서 혼자 마당에서 놀곤 하였다.

지겹고 재미없는 콩나물시루 같은 학교생활보다 혼자 노는 시간이 더 재미있었다. 낡은 수레 속에 한 시간 동안 쪼그리고 앉아 있으면서 썩어버린 밑바닥의 구멍을 통해 엄마가 나가시는 뒷모습을 보고 일어날 때는 다리를 펴지 못해 쥐가 날 정도였다.

빨간색 가방을 툇마루에 던져놓고 구슬을 가지고 삼각형 구슬집을 만들어 파란 구슬, 왕 구슬 등 짝 놀이를 하면서 혼자 놀았다. 외로움은 컸지만 오후 시간이 되면 학교에서 돌아온 친구들과 같이 놀 생각을 하니 행복감이 막 밀려왔다.

하지만 혼자 상상한 행복한 시간은 오래가지 못하는 법이다. 한창 재미에 취해 있는데 땡볕에 비추어지는 두 사람의 그림자를 보고는 온몸에 전율이 느껴졌다. 그렇게 노는 나의 모습을 생선 장사로 얼룩이 가득한 앞치마를 두르신 어머니께서 한심한 듯 보고 계시는 것이었다. 어머니께서는 엄마의 모습에 너무 반가워 당당하게 웃는 나의 모습이 어이가 없으셨던지 나를 방으로 들어오라고 하셨다. 지금 생각하면 내가 가지고 있는 왕 구슬로 안 맞은 것만 해도 다행으로 생각한다. 그나마 회초리가 아닌 몇십 년 장사로 굳은 두꺼운 손바닥으로 등짝을 시원하게 때려주신 느낌은 한여름 바다처럼 시원한 청량감으로 다가왔다.

"왜 언제부터 학교를 안 갔니?"
나는 우물쭈물 변명을 늘어놓았다.
"내가 산수를 못해서 자꾸 틀려! 선생님께 손바닥으로 맞고 친구들도 그것도 모르냐며 바보라고 놀려."라고 했더니 어머니께서는 아무 말 없으셨다. 그렇게 나는 공부 때문에 자존감이 많이 무너져 있었다.

어머니께서는 수학 계산법을 모르면 사회에서 아무것도 할 수 없다고 하셨다. 나는 그 시절 수학의 답을 어떻게 찾아가야 할지 도무지 알지 못하는 바보였다. 수학을 너무 못해서 손바닥과 출석부 모서리로 너무 맞아 지금도 트라우마가 생길 정도이다.

엄마도 공부와 담을 쌓고 있는 내가 걱정이 되셨던지 어느 날 긴 주판을 사주셨다. 지금 생각해보면 어머니께서 동네 아주머니께 주산을 하면 계산이 빨라진다고 듣고 사 오신 것이었다. 전문가가 사용하는 긴 주판이었다. 그리고 주산을 배우게 해주셨다. 학원은 아니고 어떻게 배웠는지 기억도 잘 나지 않지만 딱 한 달간 배웠다. 이걸로 우리 엄마는 내가 굉장한 사교육을 받은 줄 아신다. 사실 한 달 교육으로 얼마만큼 큰 효과를 보았는지는 아직도 잘 모르겠다.

학교 마치는 오후에는 시장 좌판에서 생선 장사를 하시는 어머니 옆에 가 있곤 하였다. 어머니는 생선을 파는 좌판 옆에 나를 앉혔다. 그리고 나에게 주판을 가지게 놀게 하셨다. 아마도 워낙 수학을 못하니 계산법을 배우라고 하신 모양이다. 그러나 시간이 흘러도 그다지 큰 효과는 나타나지 않았다. 주산으로도 내 계산 능력이 나아지지 않자 이번에는 큰 전자계산기를 사 주셨다. 계산법은 몰라도 숫자를 누르기만 하면 정확하게 답이 나오니 신기하기만 했다. 시간이 흘러 전자계산기의 사용 용도는 나에게는 그리 빛을 발휘하지 못하였다. 앞마당의 녹슨 손수레처럼 계산기는 방 안 한구석에 식구처럼 자리를 잡고 세월을 보냈다.

현재 나의 손목시계는 아직도 아날로그 바늘 시계다. 가끔은 멈춰 정확한 시간을 확인을 못하고 실수하는 경우도 종종 있다. 많은 불편함이 있지만 아날로그 시계가 익숙하다. 아날로그 시대를 살아온 나인지라 가끔은 디지털 시대의 변화가 두렵기도 하다.
수학은 물론 여타의 과목에도 별로 관심이 없던 내가 대학은 컴퓨터 관련 학과를 가게 되었다. 물론 컴퓨터에 큰 관심이 있어서 그런 것은 아니었다. 당시만 해도 컴퓨터는 낯선 것이었기 때문에 호기심이 생겼을 뿐이었다. 그런데 컴퓨터 관련 과목은 정말 내 인생에 최대의 절망을 가져다주었다. 다른 학생들은 시간에 맞춰 컴퓨터 학원을 따로 다닐 정도였는데 시골에서 온 나는 이해할 수 없고 무척이나 어려운 과목이었다. 대학은 고등학교처럼 원리를 하나하나 배우지 않는다. 전공 과제물 처리에도 급급하며 온전히 졸업을 할 수 있을지 의심스러웠다.

그러나 나는 수학은 못하지만 어떤 사건을 맞이하는 데 부담을 느끼지는 않는다.

그래서 낯선 사람들과도 쉽게 친밀감을 가지는 성향을 가지고 있다. 과의 회장을 하고 싶어서 교수님을 찾아다녔다. 교수님께서 방학 때면 프로그램 개발업체에 아르바이트 자리를 얻게도 해주셨다. 아르바이트는 잔심부름이 대부분이었지만 여름과 겨울방학 때마다 난 가장 먼저 그 회사에 아르바이트를 신청하곤 했다. 자연히 많은 직원 분들과 친분을 쌓게 되었다.

낯을 가리지 않는 나의 성격 덕에 회사 직원들에게 언어와 프로그램에 대해 물어보고 앞으로 어떻게 진로를 정해야 하는지에 대해서도 물어보기에 이르렀다. 정확히 그때 그 회사가 무엇을 개발하고 만드는 회사인지는 기억나지 않지만 덕분에 컴퓨터 언어가 그리 어렵지 않다는 것을 알게 되었다. 영어를 잘하지 않아도 된다고 하신 여직원의 한마디에 더 많은 관심을 가지게 되었다.

마침 전공 과제물은 C언어를 사용하여 전자계산기 화면을 만드는 것이었다. 아르바이트 덕분에 대학의 과제는 어렵지 않게 해결되었다. 그 당시에는 대학 컴퓨터 학과에서도 컴퓨터 언어라고 했지 지금처럼 코딩이라는 용어는 사용하지 않은 것 같다.

컴퓨터 언어를 배우는 것이 쉬운 일은 아니었다. C언어를 배울때도 힘들었는데 포트란, 코볼 등 여타의 다른 언어들이 줄줄이 엮어 나오는 것이었다.

졸업을 하고 회사에 단순 업무로 취직을 하게 되었다. 모두가 전공을 살려 취직을 하기는 쉽지가 않았다. 맨 처음 언어를 더 체계적으로 배워야 한다는 생각에 컴퓨터 자격증 학원에 등록했다. 언어를 학습적으로 배우는 것이 아닌 원리를 알고 응용해 나가는 수업에 오랜만에 신기함을 느꼈다.

그러던 중 내가 앉는 자리의 학원 컴퓨터가 바이러스에 감염이 되어 멈추게 되었다. 나는 컴퓨터를 포맷하고 프로그램을 설치했다. 그러다가 바이러스 먹은 학원의 모든 컴퓨터를 포맷하고 DOS 프로그램을 설치하는 등 컴퓨터 소프트웨어 다루는 일을 도와 드리게 되었다. 학교에서 프로그래밍 언어를 일부 배웠고 전자계산기 원리를 언어로 만들어 본 경험이 있어서인지 그리 어렵지는 않았다.

그래서 학원에 계시는 선생님들보다 컴퓨터 소프트웨어 설치하는 일을 어렵지 않게 할 수 있었다. 점점 더 언어에 재미를 느끼면서 자신감이 생겨났다. 학원 컴퓨터의 포맷을 원할 경우 내가 대부분 소프트웨어 작업을 하게 되었다. 그러다가 마침 한 학원 강사에게 사정이 생겨 대체 강사로 내가 들어가게 되었다. 그것이 계기가 되어 수강생들에게 언어의 기초부터 하나둘 강의를 하게 된 것이다.

나는 실업계 학생들에게 프로그래밍 언어를 배우는 일은 영어 수학보다 더 재미있다는 컨셉의 인기 강사가 되었다. 나에게 배운 학생들은 나보다 더 많은 재밌는 언어를 만들어 내었다. 프로그래밍 언어를 다양한 사람들에게 강의하면서 나 스스로도 더욱 다양한 언어를 배우고 학습하게 되었다.

강의장에서 만나는 학생들에게 내가 수학을 잘 못했다고 하면 영어는 잘했을 거라고 생각한다. 그러나 사실 나는 영어도 잘 못한다. 하지만 지금 어머니께서 말씀하시는 '꼬빙' 강사로 오랫동안 강의를 해 오고 있다. 코딩을 배우는데 수학, 영어 실력이 직접적인 영향을 주는 것은 아니다. 그것보다는 학습과 분야에 대한 흥미와 관심이 더 중요하다는 것을 몸소 깨달았다. 그러니 코딩은 누구나 할 수 있는 것이다. 결코 거짓말이 아니다.

2.
코딩, 내 생각의 놀이터

내가 꿈꾸던 커리어 우먼의 모습과는 거리가 좀 있지만 그래도 난 어머니 말씀대로 꼬빙 강사이다. 코딩 강의를 하다 보면 다양한 사람들을 만나게 된다. 특히 초등학생들은 바로 언어를 배우게 되면 자칫 흥미를 잃어버릴 수 있기 때문에 흥미를 가지고 놀이학습을 하게 한다.

이렇게 단계별 학습 과정을 거치면서 다양한 컴퓨터 언어의 세계로 진입하게 된다. 요즘도 새로운 언어를 습득해 나가기 위해 배우고 있지만 어떠한 결과를 얻기 위해 프로그래밍을 하다 보면 하나의 언어만으로 되지 않는 경우가 대부분이다. 상황과 작업에 따라 달라질 수 있고 또 내가 쉬운 언어를 접했다고 해서 이것이 무조건 옳다고 할 수도 없다. 그래서 코딩을 넓은 의미로 접근해 나가야 한다.

초등학생들이 많이 배우는 스크래치, 앤트리는 학생들의 흥미를 위해 놀이 학습처럼 되어 있다. 가끔은 학부모나 학생들이 이제 코딩을 다 배웠다고 말하는 경우가 있다. 그러나 영어처럼 컴퓨터 언어도 전문성을 갖추려면 오랜 시간 걸린다는 사실을 잊지 말아야 한다.

현장에서 수업을 할 때 초, 중, 고 학생들마다 접근 방식을 다르게 한다. 학생들 각자가 가지고 있는 성향과 학습의 방향이 조금씩 다르다는 것을 강의하면서 많이 느낀다. 비록 속도가 느린 단점이 있지만 남들보다 정확성을 가지고 있는 학생도 있다. 이러한 학생들에게 단점을 지적하기보다는 장점을 살려주려 한다. 다른 학생들보다 정확하다 보니 프로그램 작업 중 많은 오류들로 어려움을 겪는 학생들에게 차근차근 문제점을 가르쳐주도록 하면 흥미를 가지고 참여를 잘한다.

영어, 수학처럼 외우는 것도 아니고 정확한 답을 찾아내야 하는 것도 아닌 놀이 학습이 중요하다. 땀을 흘리면서 뛰어오는 학생들과 집에서 잠도 자지 않고 나에게 문자로 보내는 학생들의 열정은 대단하다. 수업이 시작되면 학생들의 눈빛은 다르게 빛난다.
학생들의 질문이 시작된다.
"선생님 오늘은 무엇을 해야 하나요"
나는 이렇게 제안한다.
"하고 싶은 것을 프로그램으로 만들어 보면 어떨까요?"

내 아이를 위한 창의적인 코딩 육아

학생들은 책보고 하는 것은 쉬운데 스스로 생각하면서 만들어 보라고 하면 어렵고 힘들다고 하소연한다. 생각을 하는 것 자체를 싫어하는 게 요즘 학생들의 특성이다. 빨리빨리 실행되는 결과를 보고 싶은 것은 누구나 마찬가지다. 그것은 학생들뿐만 아니라 우리 성인들의 문제이기도 하다.

나는 학생들에게 항상 말한다.

"책은 70~80% 보고 참조하고 나머지는 자신의 생각으로 응용해 나가요."

그러면 학생들은 반문한다. 입시교육에서도 교과서가 제일 정답이라고 하는데 왜 책을 참조만 하라고 하느냐는 것이다.

나는 컴퓨터 언어를 강의하면서 평소 학생들의 사고가 제일 중요하다고 생각하고 있다. 책에서 제일 중요한 원리를 배우는 것은 맞지만, 책의 내용을 그대로 따라만 하기보다는 응용하여 내 것을 만들어 내는 사고의 중요성이 크다고 학생들에게 누차 강조한다.

이제는 학교 교과목 공부도 마찬가지다. 답을 찾아내는 원리는 누구나 할 수 있다. 단지 시간의 차이일 뿐이다. 하지만 사고는 각자가 가지고 있는 것이 다 다르다. 한 학생이 수업 중에 개인적인 질문을 한다. 사람은 뇌의 모양도 비슷하고 얼굴 형태도 비슷한데 생각은 왜 비슷하지 않은지 의아스럽단다. 나는 그런 생각을 하는 자체가 남들과 다른 생각을 이미 하고 있는 것이라며 그 학생을 칭찬해 준다.

학부모들과 상담 시 가장 많이 나오는 얘기가 "우리 아이는 영어를 못하는데 수업을 진행해도 되느냐?" 하는 것이다. 대답은 한결같다. 물론!

　가끔은 놀이 학습을 겸하여 아두이노 수업으로 다양한 스위치, 센서 등으로 C언어를 가지고 프로그램을 진행하는 경우도 있다. 먼저 기계장치를 조립하고 난 뒤 스마트폰이나 태블릿 PC 등 자신이 가지고 있는 하드웨어로 프로그램을 진행한다. 다양한 모션 프로그램을 통해 로봇의 모터 값을 측정하여 내가 원하는 움직이는 모습으로 로봇에 적용하면 관절이 사람의 관절보다 더 정교하게 나타날 때도 있다. 로봇을 활용한 프로그램은 학생들에게 대단히 인기다.

　요즈음 언어를 보면 학생들이 사용하기 편하게 만들어진 코드가 다양하다. 프로그래밍 언어가 어렵다고 생각하는 학생들이 있다면 자주 사용하고 있는 하드웨어 장치를 가지고 연결해 나간다면 흥미를 더 가질 수 있다. 명령문의 값을 만들어 내고, 오류를 점검해 나가는 과정은 중요하다. 수업시간에 몇몇 학생들은 명령의 코드 값 오류로 움직이지 않으면 자신의 화를 누르지 못하고 나에게 답을 즉시 찾아 달라고 부탁한다. 학생을 달래고 수업 분위기를 조용하게 만들기 위해서는 바로 답을 알려주면 된다. 하지만 나는 수업을 잠시 멈추고 해당 학생에게 무엇 때문에 화가 났는지 물어본다. 빨리 하고 싶은데 제대로 작동이 안 되어 너무 짜증이 난다는 것이다. 처음부터 다시 언어를 살펴보려 하니 힘들다고 한다.

아이들이 코딩을 하다 보면 이런 경우는 피할 수가 없다. 이 순간을 어떻게 안내하느냐에 따라 교육의 질이 달라진다. 단순히 기능 몇 개 더 아는 것이 중요한 것이 아니다. 아이들이 스스로 자신의 마음을 자세히 들여다볼 수 있게 해야 한다. 세상에는 더 많은 일들이 있는데 작은 이 순간을 넘기지 못한다면 성공은 이루어내지 못할 것이다. 잠시 쉬었다 천천히 다시 해 보자며 다독인다. 학생은 마음은 가라앉았지만 아직도 내가 하는 말의 뜻을 이해하기 쉽지 않을 것이다.

나는 프로그램 언어를 배우는 학생들에게 오류나 값을 측정할 때 바로 답을 알려주지 않는다. 학생의 성향에 따라 이해도와 방법에 차이가 있기 때문이다. 답을 찾아주면 실행의 오류는 찾아낼 수 있지만, 왜 그렇게 이루어졌는지 다음에는 생각을 하지 않게 된다. 질문을 통해 학생 스스로 왜 이렇게 되었는지 과정을 이야기하도록 한다.

가끔 학생들은 이러한 과정을 싫어하기도 한다. 빨리 다른 친구들보다 더 멋진 프로그램을 만들어 실행해 나가고 싶은 것이다. 결과를 만들어 내는 결과도 중요하다. 하지만 생각해내고, 소프트웨어 언어로 코드의 값을 변화시켜 보고, 멋진 프로그램을 실행해 내는 과정이 더 중요하다는 사실을 잊지 말아야 할 것이다.

3.
네가 하고 싶은 일을 하렴!

나는 학생들에게 늘 "하고 싶은 것을 하라."라고 한다. 그러면 돌아오는 대답은 늘 거의 비슷하다. 딱히 하고 싶은 것을 잘 모르겠다는 것이다. 우리 딸도 마찬가지였다. 자신이 무엇을 해야 할지 모른 채 지내왔다.

우리는 종종 무엇을 해 주어야 미래의 아이들이 행복한 삶을 살아갈 수 있을지 정답을 찾고 싶을 때가 있다. 하지만 사람들은 누구나 다 자기가 하고 싶은 일이 있고 행복을 추구하는 방식이 다르다. 늙으면 늙은 대로, 젊으면 젊은 대로 다 때가 있고 저마다의 시기가 있다. 젊음이 찬란한 것은 그 자체가 아름답기도 하지만 도전하는 힘을 가졌기 때문이다. 반대로 나이가 들면 살아온 경험의 지혜가 있다. 나의 살아온 경험으로 보면 공부가 중요하다는 생각이 많이 들었다.

예전에 초등학교 다니던 딸이 미술을 하고 싶다고 했을 때 나는 귀담아듣지 않았다. 너무 하고 싶다고 해서 초등학교 5학년 때 잠시 미술전문 학원에 한두 달 보내주었다. 예체능은 사회에 나오면 성공을 보장받기 힘들 것 같아 하고 싶어 하는 딸의 꿈을 접게 만들어 버린 적이 있다. 나중에 하고 싶을 때 흥미나, 취미로 하라고 하면서…. 그리고 난 뒤 남들처럼 영어, 수학 학원에 등록시켜 어릴 적부터 입시에 매달려 달려오게 했다.

최근 학교를 마치고 집에 오자마자 가방을 던지고 소파에 털썩 누워 있는 사춘기 딸을 보고 있었다. 스마트폰으로 무언가를 하면서 웃음이 묻어 나오길래 자못 궁금하였다. 중학생이 된 사춘기 딸은 '갓 세븐'이라는 가수를 제일 좋아한다. 스마트폰에 가수 얼굴과 다양한 그림을 그려 놓았다.

딸은 너무나 행복한 미소를 띠면서 "방금 갓 세븐 옷을 레이어 입혔다."라고 하였다. 레이어라는 말을 잘 모르는 사람들이 아직까지는 많이 있다. "덧붙인다."라는 뜻이다. 자신이 좋아하는 가수의 옷을 여러 스타일로 변경해 가면서 자신의 것으로 만들어 입히고 있었던 것이다. 너무나 재미있어했다. 스마트폰을 사용하는 시간이 제일 행복한 시간이라고 딸은 말한다.

딸이 사용하는 프로그램에도 코딩 언어가 들어가 있다. 딸은 앞으로 다양한 스케치를 하는 일러스트가 되고 싶다고 한다. 미술에 미련이 많이 남아 있는 것 같다. 그림을 스케치하는 일은 컴퓨터 언어를 알아야만 하는 것은 아니다. 이러한 프로그램의 도움을 받아 내가 원하는 직업을 가지는 것도 중요하다. 모든 사람들이 프로그래머가 된다고 다 성공하는 것은 아니기 때문이다. 코딩 언어를 배우고 싶은 사람들은 배우고, 또 프로그램으로 다른 작업을 실행하는 직업을 가지고 싶은 사람들은 다른 전문가가 되면 된다. 예전에 미술을 하는 사람들은 손으로만 스케치했다. 그러나 기술의 발달로 그래픽으로 일러스터가 될 수 있게 되었으며, 건축업에 종사하는 사람들은 CAD, CAM이라는 프로그램을 사용하여 더 정밀하고 쉽게 건축설계를 하게 되었다.

아날로그와 접목하여 이러한 코딩 프로그램을 사용하는 능력도 중요한 기술이다. 태블릿PC나 스마트폰으로 그림을 스케치하는 직업도, 이제는 예전에 스케치북에 하던 작업보다 더 세밀하고 전문성을 가지게 되었기 때문이다.

나는 이 책에서 스몸비족에서 벗어나라고 이야기를 한 적이 있다. 딸이 너무 오랜 시간 스마트폰을 사용하는 것을 보고 야단을 쳐보기도 하고 무작정 뺏어도 보았다. 그러나 아이들은 내가 보이는 곳에서만 통제가 가능해진다는 것을 알게 되었다. 무작정 스마트폰을 오래 사용하면 좋지 않다고 해 봐야 소용이 없었다.

딸은 지금은 영어, 수학이 너무나 지겹고 재미가 없다고 한다.

왜 해야 하는지도 모르겠단다. 달래도 보고 야단도 쳐 보았지만 시간이 지나니 다 부질없는 나의 욕심으로 보였다. 딸은 매일 몇 시간씩 스마트폰이나 태블릿 PC로 그림을 스케치하는 일을 좋아한다. 사람의 미소까지도 세밀하고 다양한 색으로 입히는 일이 행복하다고 한다. 작은 것을 스케치하는 것도 스마트폰으로 하니 더 흥미롭다고 한다.

나는 앞에서도 언급했지만 어릴 적부터 영어, 수학을 정말 못했다. 특히 영어는 지금도 외국인이 지나가면 먼저 물어볼 것 같아 슬며시 피하는 경우도 있다. 영어는 내 인생에 아직도 콤플렉스로 다가온다. 수학도 마찬가지다. 그래서인지 우리 아이들은 나처럼 영어, 수학에 어려움을 겪지 않게 하기 위해 초등학교 이전부터 가르쳐왔다. 초등학교 입학하기 전부터 영어 전문학원을 다니도록 했으며 도태되지 않도록 다른 학부모처럼 매일같이 아침에 눈을 뜨면 영어로 음악이 흘러나오게 했다. 잠을 잘 때도 머리 위에 영어 스토리가 나오는 CD를 들려주곤 하였다. 그래서인지 다른 사람들은 딸이 영어를 무척 잘할 것이라고 생각한다. 사실 많은 시간을 투자해왔기에…

한때 딸의 유치원 다니던 친구가 영어책 오천 권을 읽었다는 소리에 우리 아이들에게 더욱 더 영어단어 외우기를 하도록 하기도 했다. 영어로 종일 이야기하기 등을 시키며 엄청난 시간을 영어와 수학에 쏟아부었다. 그때까지만 해도 나는 그렇게 하면 우리 아이들이 좋은 성적을 얻어 사회에서 성공한 삶을 살아갈 수 있을 것으로 바랐다. 그리고 영어는 계속 시간이 지나 성인 되어서도 사용하는 필수언어라고 생각해 왔다.

딸을 초등학교 고 학년 때부터 방학이면 3년 내내 외국 영어연수를 보내곤 하였다. 아이들 대학 입시의 성공은 부모의 선택에 의해 결정된다고 나 또한 믿었기 때문이다. 연수 생활을 물어보니 매일 영어 단어 외우기, 영어로 대화하기, 한국말을 사용하면 벌을 받는 정도였다고 한다.

부모 욕심에 어학연수를 보낼 때는 원어민처럼 유창하게 대화를 하면서 돌아올 것을 기대한다. 또한 어릴 적 아이들의 생각은 부모가 바라는 대로 따라올 것이라고 나 스스로 판단했다. 지금 생각해보면 나의 오판이었지만….

사춘기 아이들은 "어학연수 생활은 가장 힘든 시간이었다."고 종종 얘기한다. 나는 지금도 아이들에게 마음의 비싼 대가를 치르고 있는 것이다.

사춘기를 겪는 자녀를 둔 다른 학부모가 나에게 물어오는 경우가 있다. 남의 자식이니 나도 종종 "금방 지나가요, 기다려주어야 해요."라고 이론적이고 원리적인 답을 제시해 준다. 하지만 나의 현실로 돌아오면 그게 쉽지 않았다. 그렇게 부모가 된다는 것은 쉽지가 않은 일이었다. 돌이켜 보면 자녀가 하고 싶은 하는 것을 하도록 해 주는 것이 부모의 역할임을 뼈저리게 느꼈다.

그 딸아이가 이제 코딩 언어를 배우고 있다. 매일 좋아하는 연예인 옷을 스케치하느라 스마트폰을 만지작거리고 있지만 좋아하는 일을 하고 꿈을 꾸어 나가도록 돕고 싶다. 딸의 꿈은 일러스트 레이터다. 이제는 전문 학원을 보내 주지 않아도 혼자 진로를 찾아가고 가끔은 서점에 들러 꿈을 설계하는 여행을 하면서 행복하다고 말한다.

요즘 새삼 드는 생각은 자녀 교육 이전에 부모 교육이 먼저 있어야 한다는 것이다. 아이들 교육에 대한 집착과 성공에 대한 열망이 정말 아이들을 위함인지 부모 스스로의 욕심과 허영인지 생각해 볼 때다. 무엇이 진정 아이를 위하는 길인지 우리 부모들은 생각해 보아야 하지 않을까?

이제 나는 사람들에게 자신 있게 말하고 싶다. "하고 싶은 일을 하라! 지나온 시간에 후회하지 말고 하고 싶은 것을 하라."

4.
코딩, 미래를 만드는 핵심열쇠

책꽂이에 오래된 낡은 책들과 앨범이 먼지와 함께 자리를 차지하고 있다. 낡은 책들과 옛날 물건들! 추억 때문에, 혹은 이러저러한 사연에 버리지 못하는 이유도 다양하다. 먼지를 털고 낡은 앨범을 들여다보니 7살쯤 되어 보이는 아이 둘이서 익살스러운 모습으로 웃고 있다.

곱슬머리 희찬이!
나의 가장 소중한 친구.
성인이 되어서도 가끔 그리운 친구이기도 하다.

희찬이는 사진 속에서도 귀공자처럼 하얀 얼굴에 청바지를 접어 입고 창이 있는 모자를 쓸 정도로 부자였다. 성격은 차분하고 때로는 친구들에게 웃음을 주고 야무진 친구이기도 하였다. 10평도 되지 않는 딱딱 붙어있는 회색 슬레이트 지붕으로 된 집으로 이

내 아이를 위한 창의적인 코딩 육아

사 오기까지 내 친구 희찬이는 큰 감나무와 마당이 있는 녹색 집에 살았다. 큰 집에 전화기, 냉장고를 갖출 정도로 부자였다. 슬레이트에 사는 나와 내 친구들은 희찬이 집에 전화가 있다는 자체가 부러울 정도였다. 다닥다닥 붙어있는 10가구 정도가 사는 우리 동네는 그때까지 옆집의 전화기 한 대로 살아왔다.

희찬이가 노랗고 둥근 빵모자 같은 걸 쓰고 유치원 다닌 이야기를 해 줄 때면 우리는 너무 신기해했다. 그 시절 유치원은 부잣집 아이들만 다니는 것이었다. 희찬이는 어머니와 단둘이 살고 있었지만 어떻게 부자가 되었는지 잘 모른다. 하지만 부자였던 것은 확실했기 때문에 친한 친구로 지내고 싶었다. 희찬이는 이쪽으로 이사하기 전 버리지 못한 많은 장난감들과 동화책들을 가지고 있어서 친구들의 관심을 끌었다.

수많은 장난감 중 나의 눈을 휘둥그레지게 한 것은 둥근 모양으로 된, 음악이 흐르면서 돌아가는 오르골 장난감이었다. 희찬이는 오르골 장난감을 가장 아끼는 물건이라고 자랑하였다. 비싼 물건이어서라기보다는 어릴 적 아빠가 같이 함께 놀고 고쳐주고 한 추억을 지닌 것이라고 했다. 희찬이는 아빠 자랑을 많이 하고 넓은 집에서 살던 이야기도 자주 들려주곤 하였다.

어떤 장난감은 바퀴가 맞지 않은 것도 있고 완성된 장난감도 있었지만 다른 장난감의 바퀴가 끼워진 경우도 있었다. 마징가 로봇도 팔다리가 다른 장난감으로 연결되어 괴상하게 만들어진 경우도 있었다. 지금 생각하면 그 장난감의 모습이 어설프고 괴짜인 내 친구 희찬이와 닮았던 것 같다.

초등학교 여름방학이면 희찬이는 친구들과 기찻길이 지나가는 둑에 다이빙을 한다고 올라가서는 물이 얕은 곳에 뛰어내리다가 다리를 부러뜨린 적도 있었다. 호기심이 많고 열정이 많은 내 친구는 무엇이든지 잘 만들고 고쳐주곤 하였다. 부자였던 친구는 가난한 동네로 이사 왔어도 기가 죽지 않았고 항상 당당한 모습이었다. 가끔은 엉터리 영어도 한마디씩 하는 그가 대단하게 보였다. 어릴 적부터 고장 난 세발 자동차 바퀴도 잘 끼워주고, 두 발로 된 흰색 말도 빨간 빨래줄을 사용하여 말의 꼬리로 두 개를 이어 놓곤 하였다. 지금 생각하면 참 어설픈 것이었지만 친구들은 희찬이를 마냥 부러워하였다.

지금 생각해도 희찬이는 참 다방면에 소질이 많았다. 수리하는 전문 기술자처럼 어른스러운 흉내를 내는 재주가 참 많은 친구였다. 시간이 점점 흘러 같은 동네에서 초등학교, 중학교를 보내고 희찬이는 실업고로 진로를 결정하였다.

우리 친구들은 희찬이가 공부도 잘하고 재주도 다양해서 좋은 학교로 갈 것이라고 생각했다. 그런데 어떤 사정인지 모르지만 빨리 취업을 원한다고 했다. 아니 해야 한다고만 들었다. 고등학교

내 아이를 위한 창의적인 코딩 육아

진학한 뒤 내 친구 희찬이가 형편이 좋은 데로 이사를 갔는지 알 수 없었고 친구들 사이에서 차츰 연락이 뜸해졌다.

고등학교를 졸업하고서야 난 그의 소식을 듣게 되었다. 나는 희찬이가 멋진 기술자가 되었을 거라고 생각했다. 그러나 사람의 인생이란 것은 참 알 수 없는 것이다. 실업고에 입학하여 공부도 열심이었던 희찬이는 학교에서 CAD라는 기술을 배워 취업을 하게 되었다고 한다. 나는 처음에 CAD라는 용어가 낯설고 무엇을 하는지 알 수 없었지만, 컴퓨터 관련 분야라는 정도는 알고 있었다. 자신이 가지고 있는 기술뿐만 아니라 교내 및 시 대회에서도 기발한 아이디어로 상위권에 들어 취업이 빨리 이루어졌다고 했다. 취업이 제일 소원이었던 그는 열정이 대단한 것은 분명한 것 같았다.

고등학교를 졸업하고 20대가 된 우리는 우연히 만나게 되었다. 희찬이가 CAD와 더 다양한 그래픽 등을 배우기 위해 전문 학원을 다닌다길래 함께 다녔다. 그때까지만 해도 컴퓨터 언어가 그렇게 지금처럼 대중화 되지 않았고 전문 분야의 사람들만 사용하는 것이었다. 친구 따라 강남 간다는 말이 있듯이 우연치않게 전문학원에 등록하여 정말 체계적이고 다양한 언어들에 대해 배웠다.

당시 희찬이는 이미 20대 초반에 중소기업 및 각종 기업의 박람회에 CAD 설계하는 코딩 프로그램을 내놓았고 기발한 아이디어로 채택이 되어 IT 업체의 프로그래머가 되어 있었다. 그때만 해도 실업계 졸업자가 중소기업이나 IT 기술 분야에서 입상하고 또 바로 취직이 되기는 쉽지 않았다.

현재 내 친구는 CAD를 설계하는 사원이 아닌 정보통신 회사를 운영하는 대표가 되어 있다. 승승장구한 내 친구가 개발한 컴퓨터 소프트웨어 프로그램으로 외국 바이어와 협약을 맺는다고 한다. 지나온 세월을 보니 컴퓨터 언어가 지금처럼 관심의 중심이 된 것이 신기하다.

이렇듯 세상은 어떻게 변할지 아무도 모른다. 4차 산업 혁명의 파고 속으로 들어가는 우리는 고정된 사고를 갖기보다는 어느 때보다도 유연한 생각을 하여야 할 것이다. 단순히 유망 직종을 찾아 떠날 것이 아니라 어떤 직업이나 환경에도 적응할 수 있는 몸과 마음을 만들고, 미래를 보는 안목을 키워야 할 것이다.

5.
교육의 지름길을 찾지 마라

방학기간이면 코딩이란 단어는 학부모님과 학생들에게 인기다. 아파트 단지 게시판이나, 학원차량에는 큰 현수막으로 코딩이라는 단어로 도배를 한다. 이러한 학원차량에 광고하는 코딩은 비싼 교육비가 든다. 학원이 코딩 교육을 하는 곳인지, 코딩을 개발하는 곳인지 정확하게 짚어 보아야 한다.

강의를 받고 있는 학생의 학부모님으로부터 상담 전화가 왔다. 방학기간에 과학 코딩이라는 캠프가 있는데 고액이라 고민 중이라고 한다. 선택은 학부모님이 결정을 하는 것이지만 내가 해 줄 수 있는 것은 드론이나, 블록이나, 컴퓨터 언어나 올바른 방향을 알려주는 것일 것이다.

지금도 과학 로봇 코딩, 드론 코딩, 블록 코딩이라는 이름으로 1박 2일 등 다양한 캠프를 홍보하는 글을 심심치 않게 볼 수 있다. 이런 행사에 참여하는 비용은 꽤 비싸다. 그러나 비용보다 더 우려되는 것은 단기간으로 배우는 이런 교육이 과연 도움이 될지이다. 어쩌면 블록이나 드론 등 재료비가 더 비쌀 듯하다. 배보다 배꼽이 더 큰 경우이다.

코딩 교육이란 이름으로 학생들을 현혹하지 말았으면 한다. 학생들이 방학시즌에 다양한 체험을 하는 것은 물론 좋은 일이다. 그러나 코딩이라는 명목을 걸고 실제로는 학생들에게 언어를 사용하는 작동법이나 작동원리 정도만 가르쳐주는 곳도 많이 있다. 단기간에 학생들에게 무엇을 체험하게 하는 것인지 우리는 잘 생각해 보아야 할 것이다. 만약 체험을 목적으로 간다면 좋은 선택이겠지만 코딩언어를 배우기 위해 참여한다면 어리석은 선택이라고 말해 주고 싶다.

우리는 이러한 교육 프로그램을 선택할 때에도 생각을 많이 하게 된다. 일상을 떠나 여행을 갈 때도, 모르는 갈림길에 섰을 때에도 선택의 순간에 직면하게 된다. 이렇듯 우리는 삶의 모든 순간에 선택의 기로에 서게 된다.

아이들에게 미래를 향해 무조건 달려가도록 하는 것도 한 방법이겠지만 아이들 스스로 좋은 선택을 할 수 있도록 부모가 옆에서 지켜봐 주어야 한다. 그렇다고 부모 임의대로 아이의 미래를 결정해서는 더더욱 안 될 것이다.

아이들의 교육은 잘 생각해야 한다. 무척 오랜 시간이 필요한 것이다. 나는 지금도 내가 잘하는 재능이 무엇인지, 하고 싶은 일은 무엇인지 결정을 잘하지 못하는 경우도 있다. 어릴 적 수학을 못했다고 지능이 낮은 아이라는 부정적인 시선으로 바라봤다면 지금의 나는 없을 것이다. 사회적으로, 경제적으로 크게 성공을 한 것은 아니지만 건실한 사회의 한 구성원으로 충실히 살아가고 있으니….

미래의 삶은 누구도 알 수 없는 것이 아니겠는가?

교과목 공부를 못한다고 남들보다 뒤처지는 학생이라고 취급할 필요는 없다. 단지 각자가 가지고 있는 성향이 다를 뿐이다. 즉 다르게 보면 된다. 학습이나, 흥미나, 취미나 교육뿐만 아니라 사람마다 출발하는 시점이 다 다를 수 있다.

지금 나도 내가 걸어온 길에 가끔 의문이 들 때도 있다.

요즘에도 나는 내가 하는 일이 내가 좋아하는 일인지, 흥미와 재능이 있는 일인지 많은 생각을 한다. 남들보다 빠른 시간도 아니었고 많은 길을 돌아와 찾은 일이지만 지금도 이처럼 나이를 들어서도 답을 찾지 못해 헤매기도 하는 것이다. 아마도 평생 이러하지 않을까 싶다.

그러니 부모들은 욕심을 버려야 한다. 학생들의 흥미와 직업을 빨리 찾아주는 것도 부모의 중요한 일이지만 학생이 자신을 찾도록 해 주는 작업이 더 중요하다는 것을 잊지 말았으면 한다. 누구도 아닌 나 자신과 친구하고 대화하는 것은 더없이 행복하고 즐거운 일이다.

인생의 길은 흔히 마라톤에 비유되지 않던가!

교육도, 우리의 삶도, 행복도, 남들이 가는 길은 평탄해 보인다. 그들은 모두 지름길로 가고 있고 힘들지 않게 달려가는 것 같다. 그들이 우리를 본다면 똑같을 것이다. 우리는 보고 싶은 것만 본다. 늘 착각 속에 살아가는 것이 우리네 삶인지도 모르겠다. 남의 인생이 멋져 보이고, 남의 떡이 커 보인다는 말이 있듯이, 남들처럼 지름길로 가다 보면 무엇을 보게 되고, 얻게 될 것인지 생각해 보아야 한다.

우리 사회는 남들에게 좋은 모습으로 비춰지기를 갈망하는 사회다. 겉치레와 허영에 몸과 마음이 저당 잡혀 정작 자신을 향한 용기 있는 삶을 살지 못하는 사람이 너무나 많다. 경제적으로 풍요롭지만 넉넉하게 한번 쓰지를 못하는 마음이 인색한 사람이 있는가 하면 불편한 몸으로 고급 요양원의 침대 신세를 면하지 못하는 이들도 있다. 물론 극단적인 예일 수 있으나 우리의 가치관이 어디에 있어야 하는지를 위해서는 분명 거론할 의미는 있다고 생각한다.

부모들 스스로 타인으로 향하는 시선을 자신에게로 돌리는 용기를 가져야 한다. 자신의 미진한 부분을 아이들을 위한다는 명분을 내세워 그들에게 전가하지 말아야 한다. 더 이상 성적으로 아이들을 닦달하지 말자. 우리 모두 학창 시절을 겪어 보지 않았나! 과연 성적이 그리 쉽게 오르던가? 시간이 조금 지났다고 그때 그 시절을 다 잊은 듯 생활하지 말자.

부모로서 아이들에게 떳떳하기 이전에 스스로에게 정직한 사람이 될 필요가 있다.

아이들 일은 아이들 스스로 결정하도록 좀 내버려 두자. 병아리도 자꾸 만지면 병들어 죽는다. 차라리 아이들의 꿈이 무엇인지, 어떻게 살고 싶은지, 어떤 친구가 왜 좋은지에 대해 얘기를 나누자. 그렇게 차츰 자신의 이야기를 하도록 하고, 부모가 얘기를 들어준다면 아이들은 자연스레 자존감이 높은 아이로 성장할 것이다. 주도적인 아이에게 성적은 부차적으로 따라오는 산물이다. 아이들이 천진난만하게 웃는 대한민국이 되었으면 좋겠다.

제 **6** 장
생각을 디자인하는 코딩 교육

1.
수많은 실수는 곧 실력

실수도 두 번, 세 번하면 실력이 된다고 한다. 실수는 어떤 상황과 일에 그릇된 말이나 행동을 하는 것이다. 사람은 살면서 한번쯤 실수를 하고, 실수를 통해서 더욱 성장해 간다고 믿는다. 그러나 과거에 했던 실수를 똑같이 여러 번 반복하면서 상황을 모면하려고 자신이 지어낸 실수라고 하는 것은 다른 얘기다.

자신의 실수를 인정하고, 빠르게 피드백 하는 사람들은 실력으로 성공할 수 있다. 반면에 자신의 실수에 대해 핑계를 대고 똑같은 실수를 계속 저지르는 사람들은 실수가 습관으로 이어질 수 있다.

누구나 진정한 실력을 만들어내기 위해서는 실패와 실수를 경험해야 한다. 실패 없는 성공은 없다. 성공만을 바라고 실패를 시도해 보지 못한다면 값진 경험을 놓치는 일이 될 것이다.

"경험은 실수, 실패의 또 다른 이름"이라고 정의한다.

실수를 하지 않으려고 안간힘을 쓰고 마치 실수를 하면 자신이 이것밖에 되지 않는구나 하며 자책감도 가지는 경우도 있다. 그런 사람들은 작은 실수라도 하면 자신의 감정을 다스리기 힘들고 타인들과의 관계 속에서 특히 무결점으로 살아가길 바라는 경향이 크다.

그렇다고 무조건 실패와 실수를 하라는 것은 아니다. 실수를 통해 배우지 못한다면 수백 번 실수를 거듭해도 소용이 없다. 입시 경쟁 사회에서 학생들은 조금이라도 실수하는 것을 더욱 두려워하게 되었다. 교과 성적에 인생이 결정되는 것 같은 분위기이다 보니 매 중간, 기말 고사에서는 한 문제라도 실수를 덜 하려고 집중에 또 집중한다. 혹여 가슴 아픈 실수가 보이기라도 하면 식음을 전폐하는 마음이 가녀린 친구도 있다. 한 번의 실수에 아이들은 스스로 절제력을 통제하지 못하고 숫자, 단어 하나 실수에 흥분하고 울음을 보이고, 감정의 기복을 보인다. 사실 이것은 부모의 영향도 크다. 부모가 실수에 대범하지 못하면 아이들의 불안 증세와 감정 기복은 더욱 심하게 나타난다.

학생들에게 정말 얘기해 주고 싶은 게 있다. 삶은 절대로 내신이나 수능시험 성적 한 장으로 결정되지 않는다고 말이다. 그런데 때로는 아이들은 괜찮은데 부모가 오히려 더 흥분하고 꾸중을 하는 사례가 많다.

"시험에서 어떻게 그런 실수를 할 수 있니?" 하면서 질타를 한다. 너무 안타까운 일이다. 인간이기에 실수하는 게 아니겠나?

피겨스케이팅의 여제 김연아 선수는 점프를 위해 1년에 2000번 이상 엉덩방아를 찌면서 연습했다는 얘기를 들은 적이 있다. 한 번의 실수를 하지 않기 위해 수없이 많은 실패를 경험한 것이다. 결정적인 순간에 실수를 하지 않기 위해 작은 실수를 먼저 끌어와 여러 번 경험하는 것이다.

입시를 치러야 하는 학생들에게도 적용할 수 있는 얘기다. 혹자는 "실수는 있을 수 없는 일이고, 그 또한 실력"이라고 말을 하기도 한다. 물론 맞는 말이기도 하다. 실수를 장려할 필요는 없을 것이다. 그러나 실력을 만들어 가는 수많은 과정에서조차도 실수를 용납하지 않으려는 분위기가 더 큰 문제다. 인간이 어떻게 매번 긴장을 하고 완벽을 추구할 수 있을 것인가? 성인들도 실수로 인한 경험이 쌓여야 진정한 실력이 되지 않던가?

교사는 학생이 실수를 하더라도 긍정적인 반응을 보일 필요가 있다. 누구든 실수는 학습을 배우는 과정에 필수적으로 경험할 필요가 있다. 교사 스스로도 학생들의 잠재력을 믿어주어야 한다. 교사에게서 그런 믿음과 지지가 보일 때 학생들은 더 빨리 실수의 경험에서 빠져나올 수 있다. 사실 학생들의 실수와 오류는 당연하고 자연스러운 현상이다. 대학 입시뿐만 아니라 실수를 많이 경험한 학생, 그리고 실수를 대수롭지 않게 툴툴 털고 일어날 수 있는 학생들이 오히려 경쟁사회에서 통 크게 대처해 나가는 모습을 심심찮게 본다.

새가 알에서 깨어나오는 새끼가 안쓰러워 껍질을 깨준다면 필히 새끼는 쉽게 알을 깨고 나오겠지만 태어난 후 건강한 새가 되지는 못할 것이다. 모든 자연물은 알을 깨고 나오는 힘든 역경 속에서 온전한 존재로 거듭나게 되는 것이다. 드디어 험난한 생존의 본능을 가지게 된다.

우리가 실수나 실패에 대해 마음이 불편한 것은 누군가 자기를 무시하지 않을까? 하는 두려움과 내적 자존심 때문일 것이다. 그렇기 때문에 누군가 조금이라도 실수를 거론하거나 무시하는 말을 듣게 되면 오래도록 상처가 된다. 특히 자신에 대해 극도의 민감한 자존심을 갖는 사람은 부정적 마음이 더 심하게 자리 잡는다. 우리 사회가 좀 더 실수와 실패에 너그러워져야 한다.

유아들이 모국어를 배우기 시작할 때 비뚤어진 글자 하나에도 실수를 허용하지 않는다면 실패를 두려워하는 자신감 없는 아이로 자랄 가능성이 높다. 사소한 것까지 도전을 두려워하는 아이가 되면 그 아이의 미래는 암울하다. 실수 없이 자라온 아이의 미래 사회가 과연 온전할 것인가? 이런 아이들이 과연 꿈을 위해 순순히 도전할 수 있을까? 아마도 실패가 두려워 판을 크게 그리지 못하는 소극적 삶을 전전할 것이다.

부모나 교사는 작은 실수 하나라도 스스로 컨트롤할 수 있도록 아이들의 선택을 존중해야 한다. 결코 기회를 박탈하거나, 경험을 뺏지 말아야 한다. 그런데 현실은 어떤가? 많은 부모들이 갓난 병아리가 깨어나는 과정처럼 아이들의 작은 실수 하나에 먼저 안절부절못한다. 안쓰럽고 힘들게 보여 도움을 청하기도 전에 먼저 가서 도와주는 경우가 많다. 이는 아이들의 직접경험을 결여시키고 스스로의 힘을 키울 기회를 박탈하는 것이다.

실수를 통해 더 많은 학습을 하는 것이 시간 낭비라고 생각하지만 어떠한 일도 실수를 하지 않으면 발전이 없게 된다. 호기심으로 시작한 일에 따라오는 실패는 내공이 쌓여 그 어느 것보다 자신에 대한 강력한 가치를 부여해 줄 것이다. 아이들이 어떤 것에 호기심을 보이면 부모의 그릇된 편견과 판단으로 결정하지 말고 자신감을 갖게 이끌어 주었으면 한다. 스스로 도전한 일에서 오는 실수와 경험에서는 상처를 별로 받지 않는다. 모든 시행 착오는 아이 스스로의 몫이며, 부모는 아이를 담담하게 지켜볼 뿐이다. 단 아이들이 절망의 늪으로 빠지지 않도록 격려해 준다면 결국엔 지혜로운 아이로 성장할 것이다.

누구에게든 실수는 가치 있는 것이다. 사람의 뇌는 실패의 경험에 더 민감해지고 확장된다. 이때가 오히려 사고와 지혜의 확장을 꾀할 수 있는 좋은 기회가 된다. 실패는 학생들의 뇌를 성장시키는 큰 '자양분'이라 생각한다. 그러니 부모는 아이 스스로 자신만의 경험을 통해 삶을 배워 나갈 수 있도록 간섭하지 말아야 한다는 것을 기억해야 한다.

우리는 실수 자체보다 실수를 겪었을 때 어떻게 대처할지에 대해 고민해야 한다. 실수를 범했을 때 뒤돌아보지 말고 실수와 실패의 원인과 경험을 발판 삼아 앞을 내다본다면 멋진 삶을 살아갈 수 있을 것이다. 실수에 대해 이렇게 반응하는 사람은 늘 도전적인 모습을 보일 것이다. 그런 사람은 자신이 주도하는 삶을 살 수 있을 것이다. 아이들에게 작은 실수 하나가 성공으로 한 걸음 더 내딛는 길이라고 인식시켜 준다면 그들은 실수를 매우 가볍게 받아들일 것이다.

학생들이여 명심하자!
실수하지 않고 잘하는 것만 한다면 미래에 성장은 없다는 것을….
'실수는 곧 경험'이고, '경험이 모이면 실력'이 된다는 것을….

2.
디지털 시대, 미디어 리터러시가 필요하다

리터러시(literacy)란 글을 읽고, 쓰고, 아는 능력을 말한다. 즉, 종이라는 매체를 활용하여 자신의 생각과 느낌, 사건이나 어떤 현상에 대한 기술 등 여러 가지 의미들을 구성하고 해석하며, 소통하는 능력을 가리키는 말이다.

미디어는 이미 우리의 문화와 삶에 침투해 있다. 중요한 것은 소비자들이 대중매체가 공급해 주는 메시지를 평가할 수 있어야 하는 것이다. 급속도로 발전하는 IT 기술과 함께 미디어 환경에 놓인 사람들은 비판적 교육에 대응해 나가야 한다. 대중매체 및 미디어에 대해 사용자들은 능동적이고 비판적인 참여자가 될 수 있어야 한다.

21세기 디지털 시대를 맞아 사람들은 더욱 많은 지식과 정보를 획득하고 사용하고 있다. 대중매체는 사람들의 삶의 일부가 되었고, 더 많은 지식과 정보의 필요성을 인식하게 되었다. 우리는 대중매체가 전해주는 정보를 그대로 받아들일 것이 아니라 매체와 미디어에 비판적 접근 및 창의적인 사고로 검토할 필요가 있다.

　이러한 '리터러시'는 대중매체나 학교교육, 사회교육에서 필요하다. 그리고 교육의 범주를 대중문화, 학교문화, 예술교육 등으로 연관성을 가지게 하고, 미디어 교육을 사회적 배경과 변화의 흐름 속에서 이해하는 것이 중요하다.

　폭넓은 의미로 리터러시는 '미디어의 이용 또는 촉진하는 사회적 활동에 참여하는 능력'을 말하기도 한다. 미디어와 디지털 정보가 대중들에게 전달되는 데 대한 대처하는 새로운 능력이 필요하게 되었다. '리터러시'란 말은 요즘 우리의 시대와 사회를 잘 반영하는 용어이기도 하다.

　이러한 능력이 필요한 이유는 21세기 디지털 정보 미디어 시대의 발전으로 IT 기술 발전을 이룬 인터넷 보급이란 시대적 문화 현상에 기인한다. 문자와 이미지를 읽으며, 디지털 시대란 사회의 본질을 이해해 나가는 것이 현실에서 살아남을 수 있는 길이다.

　인터넷, 스마트폰, 태블릿PC로 무장한 새로운 디지털 '리터러시'가 필요한 시대다. 사람들은 이른 아침 출근 시간을 스마트폰과 함께 시작한다. 이메일을 체크하고 날씨를 확인하는가 하면 길을 걸을 때나 지하철에 앉아 스마트폰으로 동영상을 시청한다. 이렇게 여러 매체의 의미를 이해하고, 해석하고, 평가하는 행위를 통해 사람과 사람 사이의 소통이 이루어진다. 즉 '다중모드 리터러시'(multimodal literacy)가 탄생하는 것이다.

전통적으로 소통의 도구인 말과 글은 매우 중요한 요소이다. 단 다양한 매체의 시대가 열리면서 이들이 종이와 연필이 아닌 인터넷, 모바일폰 등의 미디어 매체들을 활용하고 있다는 것만 다를 뿐이다. 우리는 하루에도 수없이 소셜네트워크 연결망을 통해 타인들과 댓글로 소통한다. 지하철은 온갖 현란한 광고창이 된 지 오래다. 이제 미디어는 단순히 정보를 알려주는 도구로써의 개념이 아니라 양방향 소통이 창구로써 사회적 관계에 있어 필수품이 되어버렸다.

미디어 시대에는 익명성을 통해 글과 이미지로 타인을 유혹하거나 속이려는 사람들이 있게 마련이다. 또한 다른 누군가 남긴 글과 이미지를 조작하기도 한다. 이러한 상황에 대해 냉철하게 대응하기 위해서는 비판적 사고를 기를 필요가 있다.

젊은 층은 인터넷, 스마트폰, 미디어 등을 다루는 능력이 뛰어나다. 그러면서 신문이나, 사설, 뉴스는 회피하는 현상이 많이 나타난다. 점점 더 여과되지 않은 미디어에 청소년들은 노출되고 있다. 이들에게 필요한 것이 바로 글을 읽고 올바르게 글을 쓰는 것이다. 나아가 비판적 말하기와 창의적 사고를 길러야 한다.

디지털 문화와 정보는 받아들이기에 쉽고 편리하다. 그러다 보니 우리는 은연중에 미디어가 주는 여러 현란한 정보를 소비하느라 모든 에너지와 시간을 허비하게 된다. 이것이 디지털 리터러시를 배우고 익혀야 하는 이유가 된다.

미디어 리터러시는 이제 국가와 국가 간의 차원에서도 필요하다. 하지만 우리나라는 아직 디지털 리터러시의 정확한 의미에 쉽게 접근하지 못하고 있는 실정이다. 그러나 아이들의 교육에서는 광범위하게 사용되고 있다. 리터러시는 개인의 독립된 문제가 아니다. 다수가 시대적 문화와 사회 환경으로부터 큰 영향을 받고 있는 만큼 공동체적인 측면에서 접근해 나가야 할 사안이다. 최근 가짜 뉴스의 문제점이 빈번히 나타난다는 점에서 미디어 리터러시의 중요성은 더욱 부각된다.

미디어로 인한 환경에 노출된 우리는 내가 남긴 인터넷상의 글이나 정보가 언젠가 부메랑이 되어 우리의 발목을 잡을 수도 있음을 명심해야 할 것이다. 개인의 정보와 사생활이 누군가에게 오픈되고 또한 이러한 나의 정보가 누군가의 이익을 위해 퍼뜨려지는 가짜 정보에 활용될 수도 있음을 알아야 한다. 수많은 가짜 정보를 만드는 사람들의 심리는 무엇일까? 아마도 주목받고 싶거나 아니면 자극적인 재미를 맛보고 싶어서일 수도 있겠다. 그들의 행위가 좀처럼 줄어들지 않는 것은 사람들이 자극이 강한 가짜 뉴스에 잘 빠지기 때문일 것이다.

우리는 미디어상에서 상대방을 비방하는 사례를 심심치 않게 접한다. 심지어는 남을 욕하는 일에 쉽게 동조하고, 여론몰이를 통해 한 사람을 마녀 사냥하는 경우도 쉽게 볼 수 있다. 이렇듯 우리는 위험한 유혹에 잘 넘어가는 인간적 속성을 지니고 있다고 해도 과언이 아니다. 특히 사람들의 스마트폰과 미디어를 이용하는 빈도가 높아지면서 상대방에 대한 배려는 더 낮아지는 현상을 보이고 있다. 이런 점에서 '리터러시' 교육이 더 시급하다고 할 수 있겠다.

바람직한 21세기의 건강한 미디어 환경을 조성하기 위해 이용자 누구나가 미디어에 조심스레 다가가야 하고 글 쓰는 데 좀 더 신중을 기해야 한다. 갈수록 IT미디어를 연구하는 사람들이 늘고 있다. 그러나 아직 디지털 미디어 정보 속이 얼마나 복잡하고 또 어떻게 해야 올바른 형태로 나아갈지에 대해 진정으로 아는 사람은 드물다.

디지털 리터러시는 스스로 해석하고 평가할 수 있어야 한다. 이제는 미디어 리터러시가 단순히 어떠한 기술을 습득하는 것을 의미하지 않는다. 미디어 산업이나 방송 등 다양한 매체의 효과와 관련된 지식 구조와 사고를 습득해 나가는 것을 의미한다.

현대의 미디어 '리터러시' 양성을 위해 교사들은 미디어 교육에 적극적으로 참여해야 한다. 더 이상 무언가를 주입시키려는 것보다 교육의 '리터러시'가 어떤 방향을 향해 가야 할지 고찰해 보아야 한다. 현재 청소년들의 미디어 문화에도 '리터러시'가 필요하다. 근본적으로 말하면, 디지털 미디어가 정보를 어떻게 움직이고 시청자들에게 어떤 감정으로 긴장감을 가지게 하는지 판단하는 것은 디지털 미디어의 과제이다.

3.
대중매체보다 소리로 상상력을 자극하라

누구나 생활 속에서 쉽게 접할 수 있는 매체를 대중매체라 한다. 대중매체는 신문, 책, 잡지 등 인쇄매체가 있는가 하면 TV 라디오 등의 영상매체, 그리고 인터넷, 뉴 미디어의 음성, 영상 등의 전자매체로 다양하다. 요즘은 이 모든 매체를 복합적으로 활용함으로써 현장감과 생동감을 얻고 있다.

현실에서 대중매체는 다양한 매체가 서로 융합하는 특징으로 나타난다. 대중매체는 다량의 정보와 오락을 제공하고 대중들의 삶의 질을 바꾸어 놓는다. 자연히 대중매체는 대중에게 큰 힘을 발휘한다.

현대 사회에서 대중매체는 사회문화를 만들고 동시에 그 문화를 활용한다. 이러한 대중매체도 대중들이 어떻게 이해, 수용 관리하느냐에 따라 달라질 수 있다. 대중들은 매체가 전달하는 다량의 정보를 수동적으로 받아들이는가 하면 정확성을 분석하여 새롭게 미디어 정보를 생산하기도 한다.

사회는 대중매체가 전달하는 정보가 이 시대 대중들에게 어떤 의미로 전달하는지 맥락을 짚어보아야 한다. 디지털 정보 통신 기술이 발전함에 따라 기존 매체와 다른 새로운 매체가 등장하고 있다. 이를 뉴 미디어 시대라고도 한다.

디지털 시대의 대표적 뉴 미디어인 인터넷은 일방적 전달 방식이 아닌 양방향성의 특징을 가지고 있으며, 대중매체가 전달하는 메시지는 일반 대중도 메시지의 전달하는 전달자로서의 역할을 할 수 있다. 인터넷을 활용한 디지털 블로그, 개인방송 활동을 할 수 있으며, S.N.S 등 연결망을 통해 대중을 대상으로 정보를 전달하는 역할도 할 수 있다. IT 기술의 통신 기술 발달로 스마트폰, 인터넷, PC 등의 활용이 많아지면서 정보 전달하는 방식 또한 공유하고 쌍방향으로 전달하는 방식으로 변화했다. 즉, 이제는 정보를 받는 사람과 정보 제공하는 전달자 사이의 경계선이 무너진 것이다.

대중매체는 다양한 정보와 시각적 메시지로 대중들에게 효과적으로 전달할 수 있는 막강한 힘을 가지고 있다. 불특정 다수의 선택이 아닌 세대별, 계층별로 다양한 사람들을 만날 수 있고, 시각, 청각 등 다양한 감각적 메시지를 활용할 수도 있다. 또한 여러 사람에게 동시에 전달하는가 하면, 짧은 시간에 사람들이 필요로 하는 정보를 신속하게 공유할 수도 있다.

스마트폰이나 대중매체는 의사소통 없이 시각적 감각만을 발달하게 한다는 측면에서는 유아들이나 학생들에게 부정적으로 비치기도 한다. 뇌의 구조가 덜 발달된 아이들에게 시각적 대중매체는 오감을 차단해 버리는 경우가 있기 때문이다. 그렇다고 대중매체와 스마트폰은 무조건 멀리할 수도 없다.

다양한 미디어 매체는 소리와 영상을 동시에 접하게 되면서 글자를 빨리 익히는 데는 도움이 된다. 그러나 사고력에는 오히려 좋지 않은 영향을 준다는 것이 전문가들의 공통된 견해다. 그러나 대중매체 중에서도 소리로 전달하는 라디오의 느낌은 다르다. 라디오는 일방적 전달 방식이지만 여타의 미디어와 또 다른 특성을 보인다. 라디오에서는 삶이 소리로 느껴진다.

라디오 및 청각의 소리는 다양한 시각적 매체보다 상황에 따라 다른 느낌의 소리를 주면서 삶의 맛을 달리 느끼도록 해준다. 유치원이나 어린이집에서는 시각적 미디어보다, 율동에 맞춰 다양한 음악을 틀어주고, 소리로 아이들의 뇌를 깨우는 등 활발히 사고할 수 있도록 도와준다.

스마트폰도 시각적 효과를 많이 나타내는 미디어 기기다. 휙휙 지나가는 화려한 화면은 사고나 몸이 완성되지 않은 아이들에게는 정서적으로 많은 위험을 초래할 수 있다. 특히 유아 때 시각적인 장면을 많이 접한 아이들은 정서적으로 불안감을 갖고 있는 경우가 많다고 한다. 대중 미디어와 디지털 기계를 장시간 사용하다 보면, 중독에 빠질 수 있다. 심하면 뇌 발달에 악영향을 끼치게 되어 ADHD나 틱 장애를 초래할 수 있다. 또한 학교에서도 또래와의 집단 관계에 어려움을 겪고, 성인이 되면 더욱더 심해져 사회성이나 정서 발달도 저하될 수도 있다.

방송매체들이 보여주는 시청각적 내용에 많은 청소년들이 정신적, 육체적으로 뇌가 병들어 가고 있다고 볼 수 있다. 원인의 제공은 매스컴이지만 매스컴에만 책임을 물을 일은 아니라는 생각이다. 모든 매체가 장단점이 있는 만큼 활용의 조절 수위는 기성세대의 몫인 것이다. 소리 매체는 소리를 통해 상상력을 자극하고 청각적 감각을 깨워 주면 된다. 마찬가지로 미디어 대중매체는 시각과 청각의 요소를 두루 갖고 있는 만큼 아이들에게 좋은 교육 방법으로 활용하면 될 것이다.

스마트폰이 가져다주는 편리성은 십분 활용하되 중독은 조심해야 한다. 몸을 쓰는 활동이 상대적으로 부족한 아이들을 위해 다양한 놀이를 개발하면 좋겠다. 서로 유대감을 느끼고 말로 표현하고 소리로 듣는 과정에 참여하다 보면 아이들은 자연스레 사회성을 갖추게 될 것이다.

이제 더 이상 학생들을 스마트폰이나 대중매체로부터 분리시키는 것은 힘들다는 사실을 알았다. 무조건 매체와 멀어지게 함으로써 유해 환경을 차단하는 소극적 방법은 통하지 않는다. 차라리 유익한 정보는 적극적으로 얻게 하고 감각적 영상이나 화면에도 흔들리지 않는 건전한 가치관을 지니도록 하는 것이 현실적인 대응책이 될 것이다. 결국 아이들 스스로 유해요소가 극소화되도록 하는 조절 능력을 길러야 할 것이다.

정리하면 대중들에게 보이는 대중매체는 다각적 면에서 순기능과 역기능은 존재한다는 것이다. 중요한 것은 사람들의 올바른 판단, 선택, 수용, 감시 능력이다. 매체는 다양한 형태로 정보를 제공하지만 결국 무엇이 옳고 그른지 판단하는 것은 시청자의 몫이다.

내 아이를 위한 창의적인 코딩 육아

4.
정보, 풍요 속의 빈곤이 되지 마라

넘쳐나는 정보, 문화, 물질 속에 사람들의 삶은 풍요해 보인다.

그러나 '풍요 속의 빈곤'이란 말처럼 우리가 진정 바라는 풍요가 물질적인 것에만 국한된 것인지 돌아볼 필요가 있겠다. 그렇게 따져 본다면 풍요롭다고 자신있게 말할 수 있는 사람이 과연 얼마나 있을까?

분명 현대인들이 접하는 정보는 과거 어느 때보다 풍족하다. 아니 다 담을 수 없을 정도로 넘쳐난다. 돈을 들이지 않고 정보를 얻을 수도 있고, 종종 고급 정보는 소정의 대가를 지불하고 취득하기도 한다. 그러나 우리가 일상에서 만나는 대다수의 정보는 별 가치가 없는 것들이다. 미디어 시대에도 진짜 가치 있는 정보는 쉽게 얻을 수 있는 것이 아니다.

언뜻 보기에 우리는 수많은 정보를 무제한으로 사용하고 있는 것 같지만 이상하게도 정보의 결핍을 느끼기도 한다. 21세기 정보 사회는 급속히 발달하는 데 점점 더 빈곤을 느끼는 것은 왜일까? 정보매체가 발달하고 사람들이 하루 내내 손안에 스마트폰을 끼고 있으며 1분 1초가 멀다 하고 단말기를 뚫어지라 쳐다보고 있는 현실에서 빈곤을 느낀다는 것은 분명 말이 안 된다.

사람들은 상대방과 나에게 동시에 이익이 생기는 일을 표현할 때 흔히 Win-Win이라고 한다. 요즘 시대를 가리켜 정보를 획득할 수 없는 정보의 빈곤이 아니라, 넘쳐나는 정보의 풍요 속의 빈곤이라고 표현한다. 개개인들이 다량의 정보를 만들어 내고, 같은 정보가 복제되고 있지만, 사람들은 정보를 분석하거나 좋은 정보를 담아낼 줄을 모른다. 수많은 정보가 넘쳐나지만 정작 쓸 만한 정보는 별로 없는 것이다. 그야말로 '풍요 속의 빈곤'을 실감한다.

빈곤은 또 다른 차원으로 이해되기도 한다. 정신적, 육체적으로 점점 민감해진 사회다 보니 조금만 경쟁에 밀리면 빈곤해지는 느낌을 받는다. 사회는 편리해졌지만, 미래 사회 개인의 삶은 경쟁과 스트레스로 인한 불안감 등으로 점철된 삶이 펼쳐질 것이라며 부정적으로 바라보는 시각도 있다. 정보의 격차로 인한 양질의 정보 쟁취 경쟁이 벌어진다면 사람들은 정신적으로 메마를 것이며 미래는 더 궁핍한 빈곤의 사회가 될 것이다.

지금은 다양한 정보가 손안에 있고 쉽게 찾아낼 수 있다. 그리

내 아이를 위한 창의적인 코딩 육아

고 자신의 관심사와 취향이 비슷한 사람들과 정보의 공유도 가능하다. 때로는 개인의 정보를 추적하여 마녀 사냥하듯 몰아붙이기도 한다. 이런 현상은 더욱 빈번해지고 있다. 상대방이 조금이라도 나와 다른 의견을 가진 사람이라면 그를 존중하기보다는 공격의 대상으로 삼는다. 그리고 함께 공격할 대상을 모집하기도 한다.

아날로그 시대를 살았던 사람들과 디지털 세대의 젊은 층이 정보를 받아들이는 속도에는 엄청난 차이가 있다. 그리고 세대별 정보 취득 수단이나 경로, 그리고 취득한 정보의 사용에 있어서도 많이 다르다. 디지털 문화 속에서 사람들은 정보의 양이 아니라, 특정 정보의 선택과 사용 방법을 중시한다. 태평양 바다처럼 펼쳐져 있는 수많은 다량의 정보들 속에서 개인에게 맞는 정보를 찾고, 유익한 정보로 선택하기는 그리 쉽지 않다. 그렇기 때문에 디지털 정보의 시대에는 올바른 정보의 습득이 현대인들의 삶에 무엇보다 중요하게 되었다.

정보와 매체의 영향으로 다양성을 갖춘 풍요로운 정보를 얻지만 정보의 질과 양을 놓고 늘 갈등한다. 디지털 문화가 사람들 마음에 질(質)적으로 다가오지 않으면 우리는 빈곤을 느낀다. 지식 정보화 사회에 넘쳐나는 정보 속에서 다양한 문화로 이루어질 수 있는 결과물들이 많이 있다. 쉽게 말해 정보의 공급과 수요가 동시에 넘쳐난다. 그러나 사용자는 자신이 원하는 정보를 꼭 얻고자 하기 때문에 빈곤이 나타난다고도 볼 수 있다.

따라서 이러한 경쟁 사회에 속한 사람들은 물질의 소비로 허전함을 채우고 애완동물을 키우는 데 감정을 쏟기도 한다. 현대는 음식도, 상품도, 많은 정보도 넘쳐난다. 자본주의 사회는 사람들에게 IT 기술의 발전을 가져온 대신 정보의 격차로 인한 빈익빈 부익부(貧益貧 富益富)인 사회를 고착화하기에 이르렀다. 기술이 풍부하고 인터넷에는 정보가 넘쳐나는데도 정보의 빈곤이라고 하는 것이 이제야 이해가 된다.

지식 정보화 사회에서 접하는 모든 정보와 상품은 시대가 가져다주는 선물이기도 하다. 현대인들은 지나친 정보의 홍수 속에서 경쟁의 세상을 살아가는가 하면 때로는 정보 과잉으로 뇌가 처리하는 데 '과부하'가 걸리기도 한다. 빈곤을 느끼는 것은 분명 좋은 일은 아니다. 사회적으로 문제가 큰 사안이긴 하지만 의외로 해결책은 간단하다. 개인들 스스로 자신에게 필요한 정보와 필요하지 않는 정보를 구분하는 힘만 갖고 있으면 된다.

풍요 역시 좋은 것만은 아니다. 너무 많으면 선택의 어려움이 따라온다. 이미 사람들은 결정 장애를 호소하기에 이르렀다. 이것은 또 다른 면에서 스트레스다. 정보를 쉽게, 많이 획득하는 사람들의 뇌는 피곤하다. 그래서 정보의 풍요는 주위 결핍으로 이어질 수 있다. 이것은 곧바로 '빈곤의 그늘'로 이어진다.

21세기는 정보의 홍수시대로 타인의 정보를 대변하고 전달만 하는 사람들은 정보의 빈곤을 겪을 확률이 높다. 그들이 접하는 대부분의 정보는 생명력이 짧은 것이 태반이다 보니 자신을 발전시키는 데는 전혀 도움이 안 된다. 시간이 갈수록 이들의 삶의 질은 낮아질 것이다. 심하면 오히려 정보 시대에 적응하지 못하는 경우도 생겨날 수 있다.

정보의 풍요로 인한 주위 결핍은 가정, 학교, 사회 여러 곳에서 발생한다. 특히 자녀와 부모 사이에선 디지털 기기 과다 사용으로 인한 갈등이 늘 벌어지고 있다. 이것은 청소년만을 대상으로 성찰부족 문제를 제기하는 것은 올바른 문제 해결의 접근으로 보기 어렵다. 부모와 자녀 간의 공감 부족으로 인한 문제로 보는 게 더 현실적일 것이다. 정보가 범람하는 이 시대를 살아가는 사람들은 정확한 정보, 가장 최신의 정보에 갈증을 느낀다. 그러다 보니 정보 검색 자체에 사활을 걸고 마치 노예처럼 끊임없이 정보를 찾아 나서는 사람이 있다. 그런데 그러한 행위는 사회적으로 전혀 생산적이지 않을 뿐만 아니라 개인의 삶에서도 시간 낭비일 확률이 높다.

스마트폰 하나면 누구나 정보획득이 용이하다 보니 현대인들은 정보에 현실적 의존성이 많이 나타난다. 그러나 새롭게 얻은 정보라고 할지라도 이미 유통기한이 경과된 정보일 가능성이 있다. 무심히 지나친 정보가 새로운 정보로 둔갑할 수도 있다. 그 결과 사람들은 끊임없이 새로운 정보에 목말라하게 되고 급기야는 욕구

불만이 생기게 된다. 그러면서도 개인이 감당할 수 없을 정도로 쏟아지는 정보는 자칫 우리 사회를 정보의 무질서 사회로 만들어 버릴 수도 있다.

현대 사회에 지식과 정보는 폭포수처럼 빠르게 흐른다. 모든 정보를 다 가질 수 없을 것이라면 아예 어떤 정보에도 의연하게 대응할 수 있는 힘을 기르는 것이 '정보의 풍요 속의 빈곤'을 예방하는 방법일 것이다.

5.
자신감과 성취감의 극대화

옛말에 '고기도 먹어 본 사람이 맛을 안다'는 말이 있듯이, 자신감과 성취감도 이루어 본 사람이 느낌을 안다. 공부도 습관이 형성된 사람들이 학습에 희열과 열정을 느끼는 법이다. "어릴 적 습관이 여든까지 간다."라는 옛날 속담처럼 어린 시절 좋은 습관을 형성하는 것은 아무리 강조해도 지나침이 없다.

어른들은 아이들에게 종종 "학년이 올라가거나 크면 다 알아서 할 수 있어."라는 말로 무엇인가 하고자 하는 아이들의 욕구를 막는다. 하지만 이런 말로는 아이들을 설득할 수 없으며 이제 통하지도 않는다. 오히려 학교와 사회에서 뒤처지는 낙오자가 되라는 말처럼 무책임하게 들린다.

교육 영역에서 본다면 학습 과정에서 기초가 되어 있지 않은 습관은 학년이 올라가면 더 힘든 결과를 초래한다. 갈수록 더 높은 수준의 문제들이 교과목에 나타나기 때문에 기초를 다진 학생들과의 격차는 점점 더 벌어진다. 오히려 기본에 충실한, 좋은 습관을 형성해 온 학생들은 자신만의 공부 영역을 구축하고 더욱 열정을 쏟게 된다.

학생이 학습에 관심이 없거나, 공부와 전혀 다른 분야에 관심을 보이면 학교에서도 난감해한다. 고학년이 될 때까지 무엇을 지도해야 할지 모르고 해당 학생을 관심의 저편으로 밀어 놓게 된다. 물론 모든 학교가 그렇다는 것은 아니다. 간혹 열정적인 교사는 나름대로 학생의 변화를 이끌어 보려 시도를 하기도 한다. 그러나 효과는 크지 않다.

학교에서 1등을 한 학생은 항상 1등을 유지하는 경향이 있다. 왜 그럴까? 실제로 그 학생은 남들에 뒤지지 않기 위해 학습 습관을 만들어 계획대로 실천해 나갈 것이다. 이러한 경쟁을 나쁘다고만 할 수는 없다. 경쟁 상대가 있다는 것은 나를 발전시키고 성공하는 삶을 위한 도전에 자극을 주기 때문에 긍정적인 면도 있다.

"고기도 먹어본 사람이 맛을 안다"고 음식 전문가가 아니더라도 기본적인 지식과 관심만 있다면 음식 재료에 무엇이 들어갔는지는 알 수 있다. 사실 요리 전문가들도 기본적인 재료에서 출발한다. 단지 차이는 오랜 실패를 거듭하면서 연구하여 남들보다 개성 있고, 독특한, 맛있는 음식을 만들어 낼 뿐이다. '예술'이라고도 불릴 정도로 자부심이 대단한 음식들에는 요리 연구가의 오랜 노력의 땀방울이 숨어있다.

예술가나 연주자들도 피나는 노력에 의해 많은 사람들에게 멋진 연주를 보여줄 수 있다. 멋진 연주나 훌륭한 예술 작품은 연주자나 예술가의 혼이 담겨있다. 이렇듯 어릴 적 공부뿐만 아니라 인성이나 여러 가지 습관이 몸에 배어 있지 않다면 성인이 되어서도 하루아침에 바꾸어 나가기는 힘들 것이다.

"공부를 잘했던 사람들은 연주를 앞두고 끝까지 노력하려고 한다." 호기심이 많은 습관과 다양한 경험을 가지고 있다면 학교생활이나, 성인이 된 후 사회에서도 남들보다 많은 창의력과 아이디어를 발휘할 수 있을 것이다. 이들의 성취감은 자연 높게 나타난다.

세상의 모든 큰 성공에는 아이 때의 보잘것없는 작은 성취가 기반이 된 것이 허다하다. 좋은 습관은 더 큰 좋은 습관을 불러온다. 작은 성취를 경험하고, 그 작은 성공이 큰 성공과 성취를 만들어 내는 것은 각자의 습관이 주는 작은 교훈이 아닐까 한다.

공부, 성취감도 열정을 바쳐 본 사람이 승리의 쾌감을 느낄 줄 안다. 그들은 자신의 능력과 한계 또한 알기에 적절한 습관을 안배하여 자신감을 갖고 매사에 임한다. 이러한 습관은 하루아침에 만들어지는 것이 아니다. 이들은 지치지 않고 끝까지 최선을 다한다. 이들이 발휘하는 열정의 생존시간은 길다.

사람마다 무엇을 해야 할지 시기가 어릴 적부터 정해져 있지 않듯이 무엇을 하든 어떠한 공부를 하든 긴 시간의 정보를 습득하는 습관에는 차이가 있다. 하지만 더디다고 무시하거나 지레 낙담할 필요는 없어야겠다. 우리 아이들의 가능성을 무시하지 말고 꾸준히 좋은 습관을 가지도록 도와준다면 어느 순간 몰라보게 달라진 모습을 발견하게 될 것이다.

입시 경쟁에서도 마찬가지다. 공부를 싫어하는 아이는 자신이 모르는 내용 때문에 관심이 줄거나 없어진 것이다. 공부가 싫다고 하는데 억지로 떠 먹이려 하면 오히려 역효과가 난다. 학원에 가서 많은 학생들 틈에 앉아 있지만 정작 시간만 때우다 오는 경우도 있다. 학생에게도 못할 짓이고 소중한 시간도 쓸데없이 낭비하게 되는 것이다. 그렇다고 아이 뜻대로 무조건 놀릴 수도 없는 노릇이다. 이럴 때에는 대상을 살짝 틀어서 관심을 갖게 하고 서서히 열정을 찾아주는 방법이 있다. 이렇게 되면 '고기를 먹어본 자'는 아닐지라도 '고기의 종류를 잘 찾아가는 자'는 될 것이다.

교육도 음식과 유사하다. 오늘 음식을 많이 먹어 배가 부르다고 내일 음식을 거를 수 없듯이 아이들 공부도 하루아침에 왕창 집어넣는다고 이 지식이 잘 소화되어 오래도록 간다는 보장이 없다. 오히려 소식을 하듯 조금씩 아이가 소화하기에 부담이 되지 않는 수준에서 장기적 안목을 갖고 진행해 나갈 필요가 있다. 꾸준함 앞에 이길 장사는 없다.

남보다 빠른 좋은 습관은 아이들의 행복한 마음을 만들어 주고 지속할 수 있는 에너지는 더 큰 복이 된다. 이는 고기를 늘 먹던 사람이 더 잘 먹고 많이 먹지 않던 사람은 속이 느끼해서 못 먹는 것과 같다. 다시 말하면 무슨 일이든지 늘 하던 사람이 더 잘하게 된다는 말과 같다. 이들 속담은 모두 사람들의 일상생활 속에서 경험과 습관의 중요함을 강조하고 있으며 습관과 다양한 경험이란 보고, 듣고 느낀 감정을 가지고 그 과정에서 겪는 지식이나 기능을 느끼는 기능을 말한다.

살아가면서 실제로 자신이 보고 듣고 겪은 일에는 더 자신감을 갖고, 새로운 일에는 경험이 없어 조금 망설이는 것은 당연하다. 언제나 성공적인 작은 습관이 자신감을 갖게 하고 확신을 불러오며 삶의 고비 때마다 올바른 방향을 찾게 도와준다.

어릴 적 습관으로 이루어진 다양한 호기심과 경험은 자라면서 어떤 일을 만났을 때 큰 힘을 발휘한다. 공부를 하는 과정에서 아이들이 겪는 성공과 실패의 경험은 다른 삶의 방식에서도 크게 활용될 것이다. 그들의 일과 사업에서 능률을 최대한 올려주는 것은 물론 똑같은 실수를 하지 않도록 예방도 해 줄 것이다.

현재 우리의 아이들은 일상생활 속에서 충분한 경험을 하면서 살아갈까? 결코 그렇지 않을 것이다. 왜 그런지 이유를 짐작했을 것이다. 부모들의 과잉보호 탓에, 또는 공부에 방해가 된다는 이유로 다양한 경험을 하지 못하고 있다. 그러니 좋은 습관을 형성할 기회도 갖지 못하는 것이다. 아이가 겪어야 할 경험을 부모들이 대신하는 이상한 일이 벌어지고 있다.

아이들은 겪어야 할 경험을 온전히 겪으며 자라야 한다. 그래야 주도적 삶을 살 수 있다. 아이들이 자신의 생각을 하지 못하고 살아간다면 성인이 되어서도 '허수아비 인생'으로 살 수밖에 없다. 지식은 많으나 어려운 상황을 해결하는 데에는 전혀 도움이 되지 않는 죽은 지식을 답답하게 머리에 담아 살아가게 될 것이다. 세상을 교과서의 정답처럼 살아갈 수만은 없다. 경험은 돈으로 살 수 없다. "젊어서 고생은 사서 한다"는 말이 있지만 우리 아이들은 '경험의 빈곤 세대'를 살아가고 있다.

마무리하며

시골집 낡은 서재에 대학 때 공부했던 컴퓨터 언어로 된 전공 서적이 고스란히 쌓여 있다. 이들 책이 아직까지 나의 어머니에게 생활에 유용하게 쓰인다. 가끔은 큰 다이얼 전화기 받침대나 식탁 위의 된장찌개 받침대가 사용처다. 급할 때에는 라면 받침대로도 제격이다.

이렇게 많은 컴퓨터 전공서적의 붉게 칠해 놓은 내용들을 접하다 보면 감회가 새롭다. 프로그래밍 언어로 밥 먹고 살 줄 알았으면 더 열심히 공부해 놓았을 것을…

그래도 지금 코딩 강사로 학생이나 성인들에게 코딩 세계의 맛을 느끼게 하는 일에 만족한다. 처음 무턱대고 어렵게만 생각해 두려워하던 그들이 코딩의 맛을 느끼는 것을 옆에서 보는 것만으로 흐뭇하다. 교육 현장에서 학생들의 창의성이 발휘된 새로운 코딩 프로그램을 만날 때면 놀라기도 한다.

이제 2018년 코딩 교육의 의무화가 시행된다. 학생들이 입시의 굴레에서 벗어나 스스로 주체적으로 사고할 수 있는 좋은 기회의 장이 마련된다. 프로그래밍 언어를 배워 프로그램을 코딩해 나가듯 자신의 꿈도 멋지게 설계할 수 있기를 바란다.

아울러 코딩이 사회적으로 저변이 확대되어 일반인들도 쉽게 배우는 환경이 이루어지기를 바란다. 코딩을 통해 지식을 통합하고 유연한 사고를 익힘으로써 우리 사회의 문제 해결 능력은 더 높아질 것이다.

코딩의 일반화가 곧 디지털 대한민국의 미래의 첨병이 될 것을 믿는다.

내 아이를 위한 창의적인 코딩 육아